激發100%組織潛力的領導&革新技術！

管理大師的商業策略
超圖解杜拉克

藤屋伸二／監修

鄒玟羚、高彥 [illegible]

前言

商務人士必學的知識精華

現代管理學之父——彼得．杜拉克。我相信，許多商務人士即便沒有讀過杜拉克的著作，也曾聽過他的名字吧。

杜拉克教導我們許多事，例如：獲取成果的個人工作方式、組織中的人際關係、運用時間的方式、看待社會變遷的方式等。杜拉克的教導影響了許多人，要說「現代企業、社會的思考方式，都是建立在他的教誨基礎上」也不為過。

順帶一提，雖然杜拉克會談論商業和經營管理方面的事物，但他自稱社會生態學家，而不是以經濟學家自居。他既是一名站在客觀角度觀察社會的研究員，也是教導我們經商之道的教練，有時，他還是一名先知，能敏銳地察覺社會變化，並從中預見未來。

為何杜拉克要持續關注社會呢？那是因為，「什麼樣的社會和組織，會令人感到幸福」乃是他最關心的事。杜拉克的教誨不只對商務人士有幫助，也讓在社會中生活的人們受益良多。

本書圖文並茂，以簡單易懂的方式傳達了困難的理論。書中亦提及了杜拉克的為人與事蹟，充分展現杜拉克的魅力，而這在其他商業書籍中並不常見。

我從1998年開始研究杜拉克，並以此作為諮商的基本理論，幫助了許多企業達成V型復甦與業績成長。對我來說，能讓更多人懂得運用杜拉克的教誨，就是令我最開心的事。

藤屋伸二

Prologue①

「知識巨人」杜拉克是這樣的人！

杜拉克被譽為「20世紀的知識巨人」、「管理學之父」。
他究竟是什麼人？過著什麼樣的人生呢？

彼得・費迪南・杜拉克

生於1909年11月19日，維也納。他在擔任報社記者的期間，於法蘭克福大學取得了國際公法的博士學位。1937年赴美後，曾在紐約大學、克萊蒙特研究大學擔任大學教授。其專業領域包括政治、行政、經濟、管理、歷史、哲學、心理學、文學、藝術、教育、自我實現等。他的大量著作也被稱作「杜拉克山脈」，其中又以管理學思想影響後世最深。

卓越的觀察力

杜拉克研究了各式各樣的領域，並以社會生態學家自居，觀察著社會的樣貌與變化。他至今仍受到許多商務人士的尊敬。

走遍各國

杜拉克從歐洲的中學教育機構，文理中學畢業後，便開始在德國的貿易公司上班。在德國時，他曾到漢堡大學以及法蘭克福大學求學，還當過報社記者，但是，由於他寫的論文激怒了納粹，因此他於1933年移居英國。後來他又搬到美國，一直活躍於職場中，直到95歲過世為止。

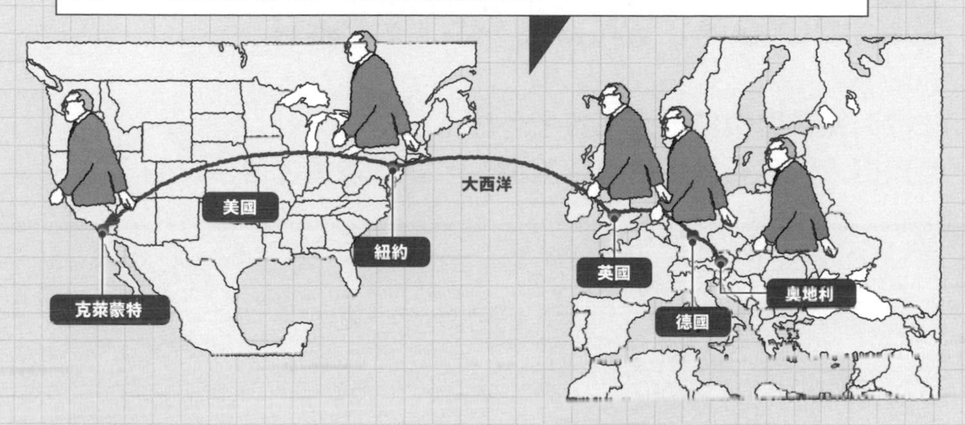

管理學之父

杜拉克將自己對組織管理的研究寫成書，影響了全世界。其中，1954年的《管理實踐》堪稱是他在管理學方面的代表作，記載了許多企業管理的原理與原則。杜拉克也因為這些成就，而被人們稱作「管理學之父」。

通用汽車公司的邀約

1943年，一位通用汽車（GM）的幹部，在看了杜拉克的《工業人的未來》後，便委託杜拉克研究GM的經營方針及組織結構。而彙整了該研究成果的《企業的概念》，也成了日後的暢銷書之一。

Prologue②

杜拉克的觀點是什麼?

杜拉克總是思索著「人應該做什麼？」，
他覺得人們有責任對社會做出貢獻，並認為這才是真正的幸福。

杜拉克最感興趣的對象，就是那些在社會中打滾的人們。他不斷思考，為了確保人們的自由與平等，社會、組織和企業應該做些什麼，而人們又該做些什麼。

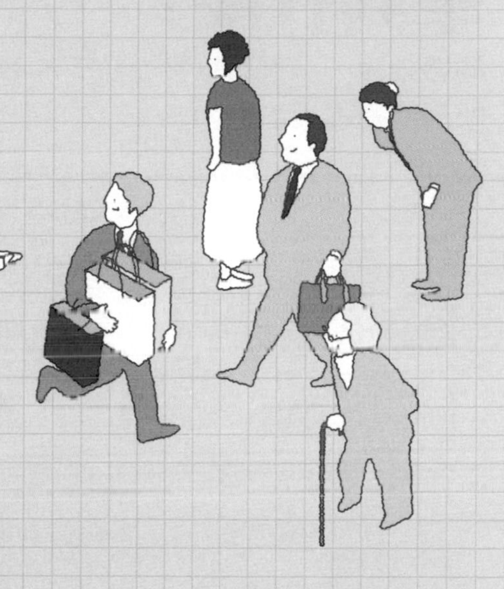

杜拉克的結論是，人有責任根據自己的價值觀與長處，來對社會做出貢獻，而盡了這份責任後，才會得到真正的幸福。

杜拉克的這個觀點，被稱作「目標管理」(透過目標與自我控制進行管理)。他認為，雖然每個人的能力都不一樣，但只要訂下目標，有系統地學習，日後就能對社會做出更多貢獻。

Prologue③

我們可以從杜拉克身上學到什麼？

簡單來說，我們可以從杜拉克的教誨中，學到取得成果的能力。

構想能力

構想出事業的能力。將商機轉變成實際的商業計畫。

建構能力

為商業活動構築系統的能力。打造實際執行商業活動的組織和系統，並讓在其中工作的人都能發揮所長。

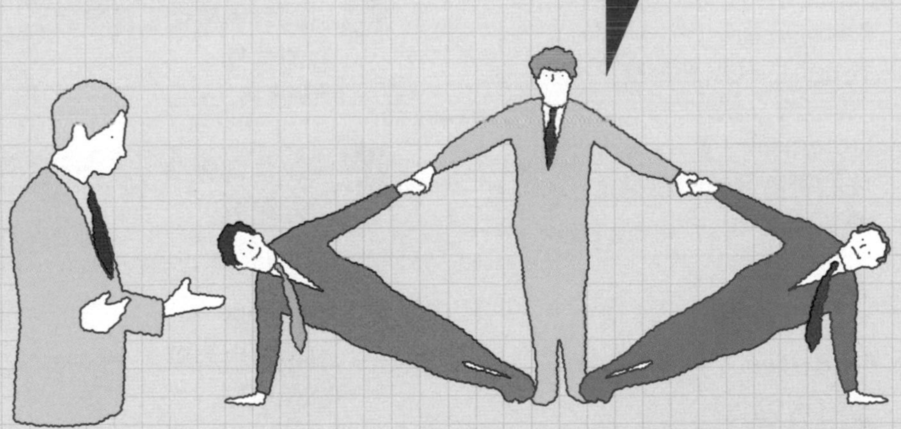

經營能力

在不斷變化的世界和商場中，有能力應付不斷變化的局勢，並產出最佳結果。

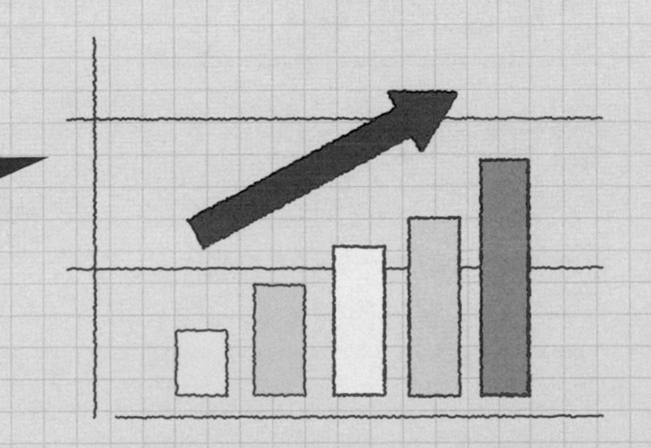

激發100%組織潛力的
領導&革新技術！

管理大師的商業策略 超圖解杜拉克

Contents

前言 …… 2

Prologue①
「知識巨人」杜拉克
是這樣的人！ …… 4

Prologue②
杜拉克的觀點是什麼？ …… 6

Prologue③
我們可以從杜拉克身上
學到什麼？ …… 8

Chapter 1
杜拉克式・經營管理的祕訣

01 何謂經營管理？
經營管理 …… 18

02 杜拉克解釋：「創造顧客」正是企業的目的
創造顧客 …… 20

03 顧客是所有企業活動的出發點
行銷、三現主義 …… 22

04 創新並不僅僅是技術革新
創新 …… 24

05 持續問「顧客在哪裡」、「顧客是誰」
顧客是誰 …… 26

06 設定目標時所需的6個觀點
6個觀點 …… 28

07 策略計畫是實現目標的必備條件
策略計畫 …… 30

08 將工作與勞動分開來看
工作、勞動 …… 32

09 注重成果，以提高生產率
產出、投入 …… 34

10 決策中最重要的不是「答案」，而是「正確的問題」
決策 …… 36

11 培養優良的組織文化以實現目標
組織文化 …… 38

Column 01
鮮為人知的杜拉克生平①
出身良好的社會生態學家 ………… 40

Chapter 1
KEYWORDS ………… 41

Chapter 2
杜拉克教給人們的最強組織理論

01 組織是為了實現目標而存在的構造
組織設計 ………… 44

02 設計組織時應有明確之目的
核心活動分析 ………… 46

03 改善組織的2項分析
決策分析、關係（貢獻）分析 ………… 48

04 組織該通過的7個條件
7個條件 ………… 50

05 掌握組織型態的優點和缺點
組織型態 ………… 52

06 4個將組織導向錯誤方向的主因
主要原因、目標管理 ………… 54

07 互相奉獻才是組織
貢獻關係 ………… 56

08 新事業不可缺少負責組織協調的經理人
通才、專家 ………… 58

09 面對專家時只需看成果
優良成果 ………… 60

10 不要執行全場一致通過的決策
聽取、驗證多方意見 ………… 62

11 即使是下屬也要管理上司
提升上司的績效 ………… 64

12 為了讓家族企業蓬勃發展，該注意哪些優先事項
家族企業 ………… 66

Column 02
鮮為人知的杜拉克生平②
觀察社會真實風貌的未來學家 ‥ 68

Chapter 2
KEYWORDS ………… 69

Chapter 3
向杜拉克學習 成為領導者的條件

01 什麼是真正的領導力？
領導力 ………… 72

02 領導者是建立機制的人
動力 ………… 74

03 領導者必須擁有一顆真誠的心
真誠 ………… 76

04 領導者必須預測未來
預測 ………… 78

05 領導者必須將變化視為機會
變革型領導者 ………… 80

06 將工作交給基層處理也是領導者的職責
一線管理者 ………… 82

07 領導者必須為危機做好準備
逃避、等待、準備 ………… 84

08 分享資訊是領導者的工作
共享資訊 ………… 86

09 時常聆聽下屬的意見
溝通 ………… 88

10 思考並設計適當的工作分量
適當的工作 ………… 90

11 根據成果來評量一個人，而不是根據個人喜好
注重成果 ………… 92

12 不要將下屬視為問題、成本或敵人
問題、成本、敵人 ………… 94

Column 03
鮮為人知的杜拉克生平③
在混亂的時代中注意到社會與金錢的關係 ………… 96

Chapter 3
KEYWORDS ………… 97

Chapter 4
杜拉克式・時間管理

01 認識時間的性質
時間的性質 ………… 100

02 杜拉克式・時間管理的3個程序
時間管理 ………… 102

03 找出浪費時間的原因並加以解決
浪費時間的原因 ………… 104

04 取得成果的人懂得整合時間與工作
整合時間 …… 106

05 讓開會目的變得有意義
開有意義的會議 …… 108

06 捨棄沒有成果的工作
劣後順序 …… 110

07 選擇未來而非選擇過去
優先順序 …… 112

08 將時間投資在自己的強項上
自己的優勢 …… 114

Column 04
鮮為人知的杜拉克生平④
杜拉克影響了許多名人 …… 116

Chapter 4
KEYWORDS …… 117

Chapter 5
知識巨人的自我實現法

01 有助於提升績效的5個習慣
經營者、5個習慣 …… 120

02 真正的工作價值在公司外
對社會有所貢獻 …… 122

03 創造自己
知識工作者 …… 124

04 透過回饋分析找出自己的優勢
回饋分析 …… 126

05 人在教導別人時的學習效果最好
學習組織，教學組織 …… 128

06 為自己的價值觀感到驕傲
工作者的價值觀 …… 130

07 身在符合價值觀的地方，才能發揮真正的實力
真正的實力 …… 132

08 5個步驟做出能取得成果的決策
做決策的5個步驟 …… 134

09 找到工作之外的歸屬也很重要
自己的歸屬 …… 136

Column 05
鮮為人知的杜拉克生平⑤
為日本繪畫癡迷，畢生蒐集畫作 …… 138

Chapter 5
KEYWORDS ··························· 139

Chapter 6
向杜拉克學習企業策略

01 目標成為業界頂尖：孤注一擲策略
孤注一擲策略 ··················· 142

02 換個方式仿效其他公司的成功：創造性模仿策略
創造性模仿策略 ················ 144

03 活用其他公司的失敗：柔道策略
柔道策略 ························· 146

04 營造非競爭狀態：生態性利基策略
利基策略 ························· 148

05 將特定市場的知識化為武器：專門市場策略
專門市場策略 ···················· 150

06 以顧客的價值為基準：價值創造策略
價值創造策略 ···················· 152

07 改變價格的意義：定價策略
定價策略 ························· 154

08 將顧客考量的事情化為策略：顧客導向策略
顧客導向策略 ···················· 156

Column 06
鮮為人知的杜拉克生平⑥
攜手60年的愛妻朵莉絲 ·········· 158

Chapter 6
KEYWORDS ························ 159

Chapter 7
如何創新

01 善加利用意料外的成功
意外的成功 ······················ 162

02 善加利用意料外的失敗
意外的失敗 ······················ 164

03 對常識和成見抱持疑問
4個不一致 ······················ 166

04 消除傲慢與獨斷
價值觀不一致、程序不一致 …… 168

05 找出3種需求
3種需求 …… 170

06 產生創新的5個著眼點
5個前提 …… 172

07 不要錯過變化的時機
產業結構的變化 …… 174

08 年齡結構改變是創新的好機會
年齡結構變化 …… 176

09 改變看法後，需求也會有所改變
認知變化 …… 178

10 利用新知識來激發創新
新知 …… 180

11 創新不僅僅是來自於想法
想法 …… 182

Column 07
鮮為人知的杜拉克生平⑦
一位樂於教授、多才多藝的作家 …… 184

Chapter 7
KEYWORDS …… 185

杜拉克年表 …… 186

結語 …… 188

參考文獻 …… 190

杜拉克式・
經營管理的祕訣

杜拉克被譽為「管理學之父」。管理（management）往往讓人聯想到「管制」，然而，杜拉克所提倡的管理，卻是完全不一樣的概念。本章中將會介紹杜拉克的基本管理理論。

01 何謂經營管理？

**想經營好一個企業或部門，
就要建立好策略、計畫、執行、評鑑的循環。**

「**management**」一詞是杜拉克創造的概念，直譯就是「經營、管理」。經營管理可分為3個領域：①事業，②管理者，③人員與工作。①是指，從「誰、做什麼、怎麼做」的觀點來定義事業，制定策略並將其納入經營計畫。②是指對管理者進行管理，也就是管理那些為了執行計畫，而負責分配人員、物資的人。

經營管理的運作是非常重要的事

③的「管理人員與工作」包括設計工作、招聘、分配、培訓和調動最合適的人員，並確保他們保持積極。**杜拉克解釋，確實執行這3種管理，是相當重要的一件事**。業績不好的公司往往缺乏3項要素的其中之一。

建立並實施機制

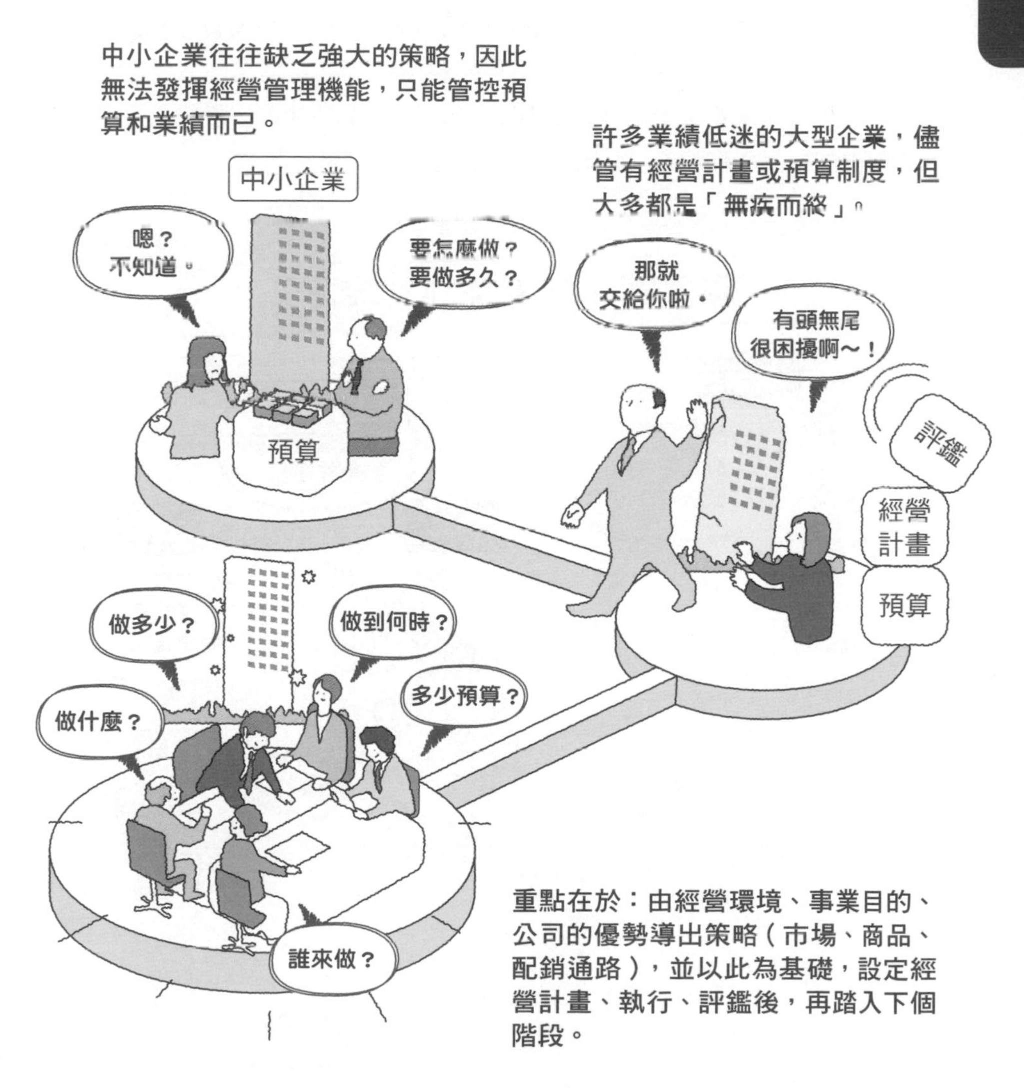

杜拉克解釋：「創造顧客」正是企業的目的

杜拉克解釋，企業的目的為回應需求，以及創造新的需求，也就是「創造顧客」。

企業存在的目的究竟是什麼？若顧客不願購買某企業的商品或服務，該企業便無法長存。為了長存，企業必須回應既有的需求，或者是創造出新的需求。換句話說，企業的目標就是不斷創造客戶，並讓他們按照公司希望的條件購買其產品和服務，而這也是企業長存的必要條件。

滿足需求並創造新的需求

大多數的企業都無法壟斷市場，因此經常得面對激烈的競爭。在同一標準競爭的話，價格競爭也會變得更激烈，然而，**企業若想存活下去，就必須以適當（適合當時的情況）價格來販售商品**。因此關鍵就在於，利用價格之外的條件，來與其他商品做區隔，藉此創造出願意以「我方期望的售價」來購買商品的顧客，即**創造顧客**。

獨創性、差異性是創造顧客的關鍵

橫向競爭只會讓雙方陷入價格競爭中。

除了價格之外，差異性也很重要。製造出商品之間的差異性，讓客人依照你期望的售價來購買商品。

03 顧客是所有企業活動的出發點

杜拉克認為重點在於提升生產率，並說明：「行銷和創新是創造顧客的必要條件」。

選擇、購買商品的人是顧客。因此，企業必須製作顧客需求的東西，而不是自己想賣的東西。找出顧客的需求，依照顧客期待的價格和配銷通路來提供商品，製作「以顧客為出發點的機制」，就叫做**行銷**。杜拉克指出，真正的行銷都是以顧客為出發點。

行銷應以顧客為出發點

欲瞭解顧客，就要站在顧客的角度去思考「功能」、「價格」、「狀況」和「價值觀」。

雖然許多企業都會編列預算，花錢請市調公司調查顧客需求。但是，若要掌握顧客的需求，光這樣做還不夠。因為，**有些東西得透過實踐三現主義：「走訪現場」、「接觸現物」、「探究現實」才看得見**。實際上，杜拉克也說過，走出辦公室、仔細觀察和用心聆聽都很重要。

為了瞭解顧客而存在的三現主義

創新並不僅僅是技術革新

杜拉克說：「創新是創造新的價值。」
這究竟是什麼意思呢？

創造顧客除了需要行銷，還需要**創新**。創新是指創造出新的經濟價值，為顧客帶來更大的滿足。在過去，人們認為創新就是技術革新，但杜拉克認為，「為現有產品賦予新的意義」也是創新。

能豐富社會的，都叫做創新

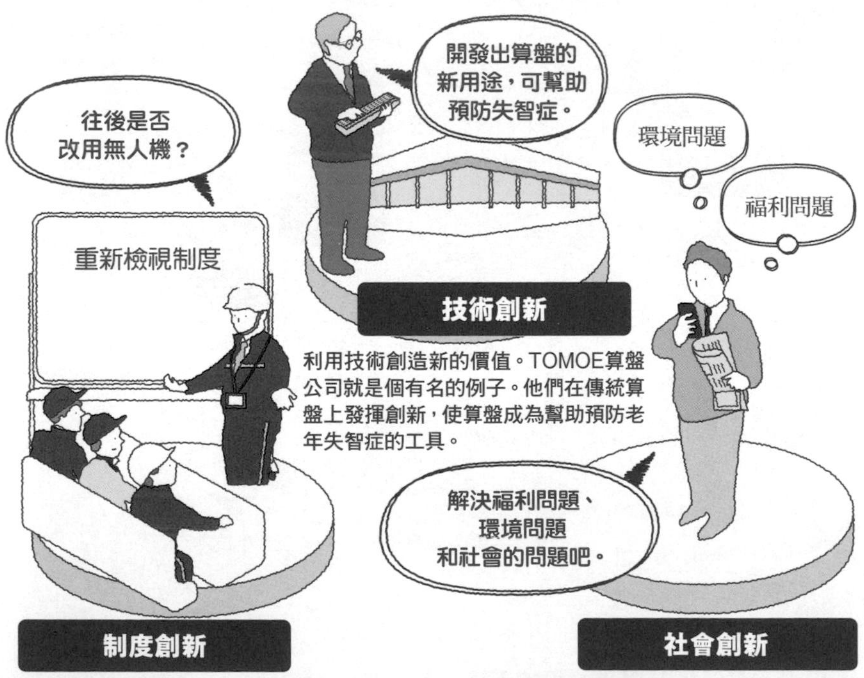

技術創新

利用技術創造新的價值。TOMOE算盤公司就是個有名的例子。他們在傳統算盤上發揮創新，使算盤成為幫助預防老年失智症的工具。

制度創新

制度上也能有所創新。例如：郵政制度問世以來便不斷創新，好比引進郵遞區號等。

社會創新

社會創新意味著解決社會上的需求，如環境問題、教育落差問題，或提升身心障礙者的就業率等。

生產率低落的話，即便進行行銷、創新也無法獲利。要維持一間企業，就必須提升生產率。為了讓最少的資源發揮最大的效能，企業必須有效地運用人員、金錢和物資，然後**還得控制種種與成果有關的要素，好比知識、時間、生產方式等**。

提高生產率也很重要

05 持續問「顧客在哪裡」、「顧客是誰」

杜拉克解釋，定義企業使命時，最重要的問題就是「客戶是誰？」

大多數的產業都有2種以上的客戶，例如食品製造商的客戶有家庭主婦、零售店等。即使是家庭主婦想買的產品，也要零售店有賣，才有辦法讓主婦購買。而零售店販售商品也需要主婦們消費，才有辦法獲利。因此，**企業必須同時關注家庭主婦和零售商的需求**。

消費者並不是唯一的客戶

商業環境不斷變化。即使是曾經成功的商業模式，也不會永遠適用。而原因就在於：顧客的價值觀會不斷地變化。因此杜拉克指出，「時時自問：**顧客是誰？**」是很重要的一件事。企業必須縮小目標，持續鎖定自己的客戶。

顧客的需求決定了商業模式

設定目標時所需的6個觀點

杜拉克曾說：「研討目標並不是為了獲得知識，而是為了行動。」並提出6個觀點。

對商業模式產生想法後，下一步就是設定明確的事業目標。而目標又以具體一點的為佳。杜拉克舉出設定目標時應持有的**6個觀點**：①行銷，②創新，③生產率，④經營資源，⑤社會責任，⑥利潤。這6個觀點並非以「營利」為出發點。

由6種角度來思考事業目標

- 固有商品能滿足顧客嗎？
- 能夠開發新市場、提供新商品嗎？
- 顧客信賴我們公司嗎？

- 商品與商品的供應方式是否還有創新的空間？
- 是否有必須因應變化來執行創新的部分？

重點在於，應以「是否有助於滿足客戶需求」和「是否正在為此動腦、為此努力」的想法為基準。雖說沒有一個組織可以執行所有的目標，但欠缺某一項也不太好。另一個重點是，訂立目標後，一定要執行。若不去執行，就如同在紙上畫大餅，永遠無法實現夢想。

- 是否有均衡地運用物資、人才和資金？
- 是否正在利用資源來獲取最佳成果？
- 經營資源的使用方式是否恰當？

- 在適當的時候有足夠的物資，如設施、設備和原料？
- 公司需要的優秀人才是否充足？
- 為將來所準備的資金是否充足？

- 準備充足嗎？
- 公司能否靠目前的利潤生存下去？
- 公司需要多少利潤才能經營下去？
- 有足夠的投資預備金嗎？

- 是否真誠地為顧客做考量？
- 是否有欺騙消費者的行為（如：食品偽裝）？
- 是否顧及環境、對社會有貢獻？

策略計畫是實現目標的必備條件

杜拉克曾說，為了達成目標，企業需要的是策略計畫，而不是長期計畫。

一旦確定了目標，接下來就得思考如何採取行動，以實現那些目標。而這個為了做「應該如何行動」之決策而擬定的藍圖，就是**策略計畫**。擬定策略計畫不是什麼手法，而是結合分析、判斷的思考。為了將來，現在該做什麼？為了做出成果，該承擔什麼風險？接下來還得思考如何付諸行動。杜拉克解釋，策略計畫的目的為「同時經營現在與未來」。

策略計畫的本質是思考

策略計畫並非由既有的技法或程序引導而來，必須透過不斷地分析、思考、判斷。

沒有人能夠預測未來。重要的是要探索、增加未來的可能性。

策略計畫就是「執行帶有風險的決策」、「進行有系統的組織活動，以執行決策」、「將活動結果和預期結果進行比較」這3個步驟的循環。**做決策時，除了決定「做什麼工作」之外，決定「不做什麼工作」也一樣重要**。接著，進行組織活動時，應該把具體的工作分配給人員或團隊，最後針對決策進行考核，看看獲得的成果是否超越了承擔的風險，然後視需求重新調整決策或組織活動。

重點在於反覆制定策略計畫

將工作與勞動分開來看

要同時滿足事業的生產率和工作者的滿意度，是相當困難的一件事。杜拉克會把工作與勞動分開來看。

杜拉克將**工作**定義為：由邏輯、分析建構而成的東西。結構不同的話，即便人做的事都相同，也不會有相同的生產率，因此為了提升成果，提高效率就變得很重要。**勞動**則是指人的活動。每個人做工的速度、耐力都不一樣，同樣地，勞動方式也是因人而異。另外，人會為了達成某個目的而做工，因此，勞動也是自我實現的手段之一。

瞭解工作與勞動的差別

為了提升成果，人必須有邏輯地分析、檢視工序，以提升效率。

勞動既是自我實現的手段，也是促使自己與社會產生連結的方法。另外，組織中的勞動，必定會產生上下關係或權力關係。

然而，要在生產率和工作滿意度之間取得平衡，卻是出乎意料的困難，到處都是「生產率高，卻沒有人情味」或「充滿活力，生產率卻很低」的工作場所。**經營者和主管必須創建一個能產生結果的系統，並激勵員工去做富有成效的工作**。而為了做到這一點，他們必須先瞭解工作和勞動之間的差別。

管理工作與勞動

在一個組織中，最理想的狀態就是工作有效率，而人們也有工作的欲望。能夠兼顧工作與勞動，才是提升生產率的經營要點，因此需要有人來負責管理。

注重成果，以提高生產率

杜拉克解釋：「為了提升生產率，我們必須注重成果，也就是工作的產出。」

生產率是指工作上的效率，以及所產生的附加價值。**產出**（產物、成果）超出**投入**（經營資源、努力）越多，代表生產率越高。要提高生產率，就必須不斷檢查人、物品、金錢、時間的分配是否妥當。妥善運用資源，才能使工作更有成效。

支撐生產率的4個要素

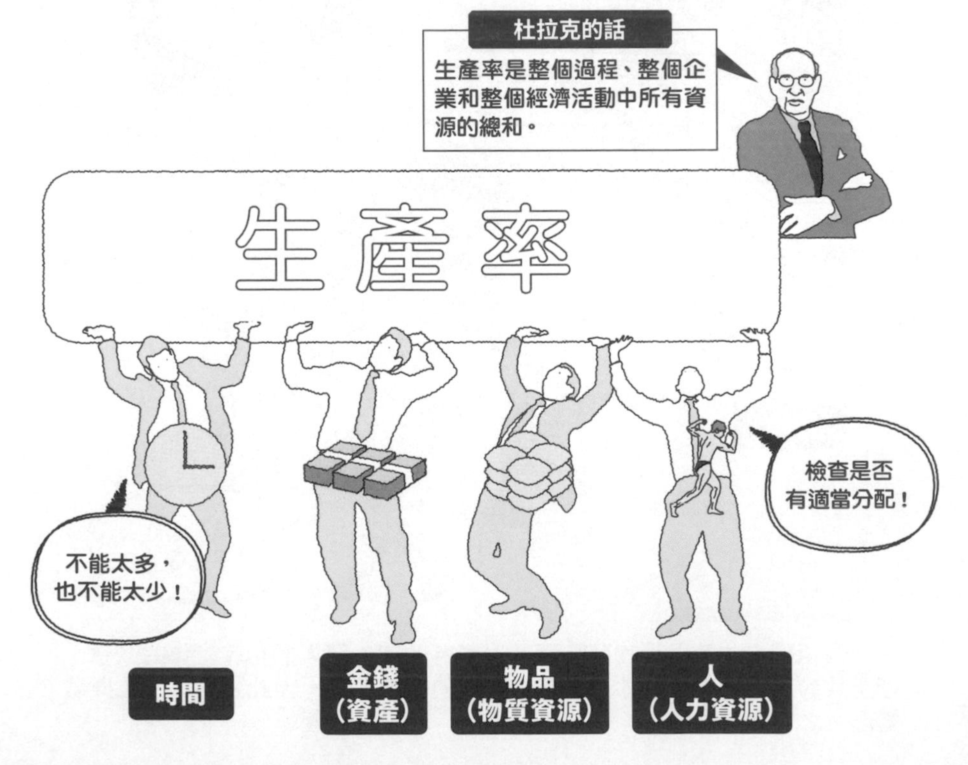

由於「工作」是一個實現結果的邏輯構建過程，因此有必要根據成果（工作的產出）來思考「工作的生產率」。杜拉克提出了以下4種創造和管理良好工作環境的方法：①分析，②生產率最佳的工序結構，③建立管理工序機制，④提供適合的工具。

注重成果的管理方式

為了使工作富有成效，重點在於分配責任的同時，也要尊重每一個人。

決策中最重要的不是「答案」，而是「正確的問題」

要解決各式各樣的問題，就必須做出正確的決策。為此，我們必須採取6個步驟。

杜拉克將**決策**描述為「effective decisions（有效的決定）」。因為這不僅僅是做決定，而是要決定如何解決組織中出現的問題。假如對問題持有錯誤的認知，那麼不管採用了何種解決對策，都不會見效。決策過程始於對「要解決的問題是什麼？」的正確理解。

先認清問題是什麼

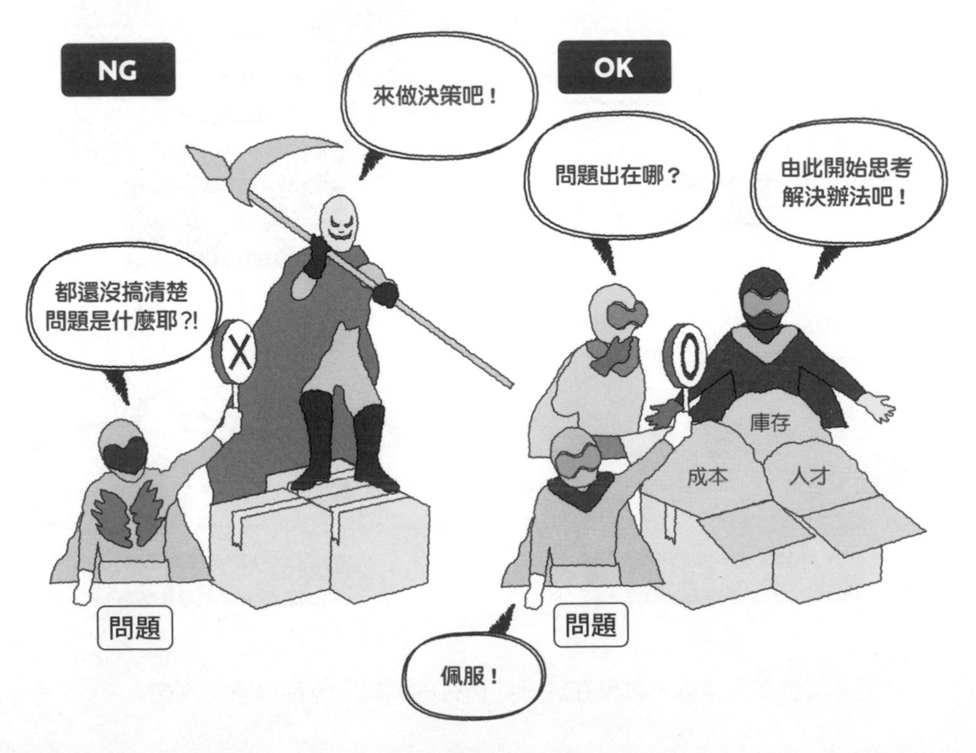

決策過程依序為：①界定問題，②確認決策的目的與目標，③提出多種解決方案，④將想法轉化成實行辦法，⑤徹底執行，⑥評估結果。人們做決策時，往往只做到④就停止了。但是，**由於決策的本質是決定「如何行動」，因此⑤和⑥被認為是相當重要的步驟**。

決策過程共有6個階段

培養優良的組織文化以實現目標

杜拉克說：「成果就是打擊率。」
他認為，「誠實地評估長期結果」也很重要。

公司的最大資產就是「人」。然而，光有一名優秀的人才，是無法讓公司長久經營下去的。**公司本來就是由普通人組成的團體，「結合凡人的力量，成就非凡的結果」正是組織的優勢**。而且，人們的工作方式取決於他們的心態，因此經營者必須擬定策略，建立起有助於提升成果的**組織文化**。

為了達成目標，該怎麼做？

欲提升組織士氣時，最重要的就是要用長期眼光來看待成果。做出成果的人也就是創造價值的人，而他們也有可能在試錯的階段遭遇失敗。然而，一旦責備了這些挑戰者，就會削弱他們的欲望與士氣。**有挑戰欲的人才，才有可能遭遇失敗，因此擁有培育挑戰精神的環境，也是很重要的事**。

有挑戰欲的人不免會遭遇失敗

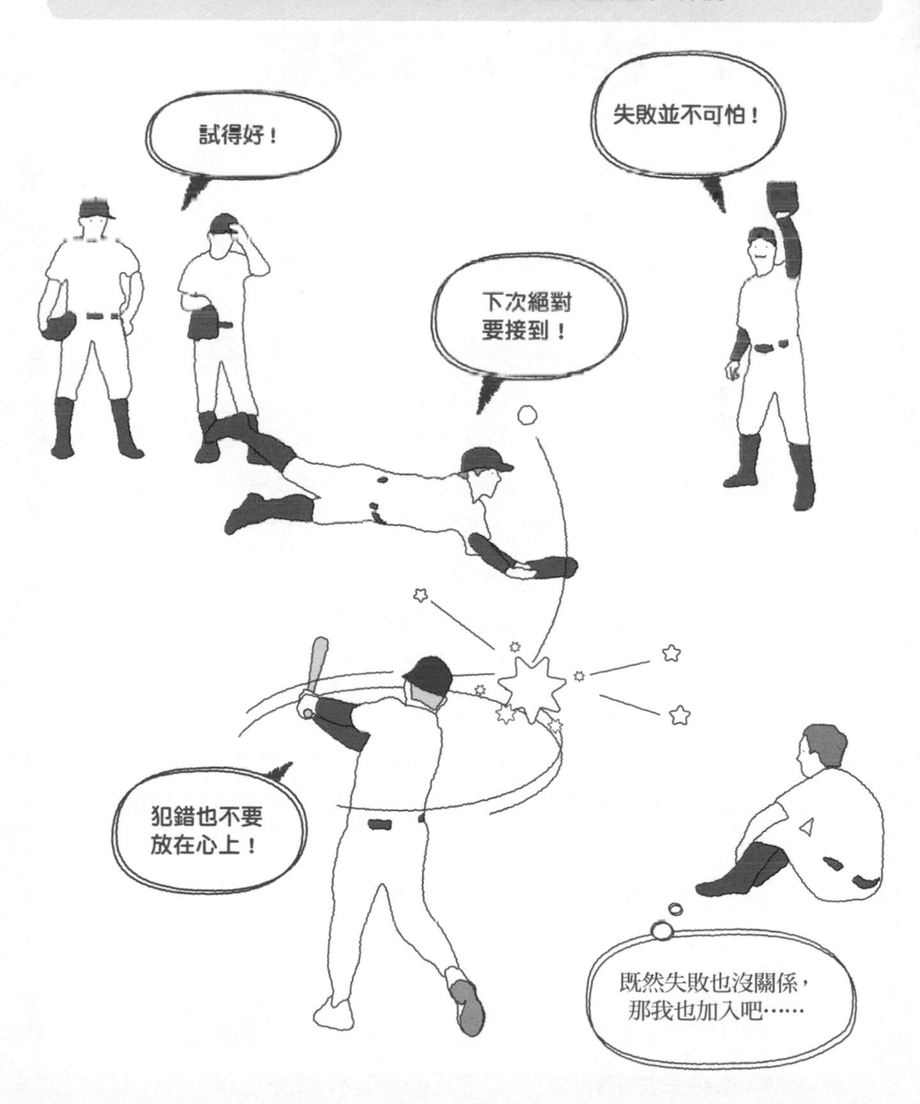

No. 01

鮮為人知的杜拉克生平①

出身良好的
社會生態學家

杜拉克於1909年出生於維也納，也就是當時的奧匈帝國的首都。

他的全名為彼得．費迪南．杜拉克，其父親是高級政府官員，母親是帝國內首位習醫的女性。

杜拉克相當聰明，從小學就開始跳級，但他對出社會工作很感興趣，因此從17歲就開始半工半讀，在德國的大學念書的同時也一面在貿易公司上班。

後來，他還從事過多種工作，並於23歲時移居英國，又於27歲時移居美國。到了1939年，30歲的杜拉克出版了他的第一本書《經濟人的末日》。之後又出版了許多作品。

他從1971年到2003年，共30多年的時間，都在加州的克萊蒙研究大學擔任教授。2005年，他於96歲生日的8天前過世。

杜拉克的人生活過大半個20世紀，因此也有人稱他為「20世紀的見證者」。

Chapter 1

用語解說

KEYWORDS

☑ KEY WORD

行銷

創建一個銷售機制。這指的是以客戶為出發點的想法和活動。零售商和批發商往往從「購入」來考慮機制，製造商往往從「製造」來考慮機制；而杜拉克所謂的行銷，則是從「顧客的使用狀況」或「購買現場」等出發點來思考、建立機制。

☑ KEY WORD

創新

透過更新和重新思考現有的技術、產品、客戶需求和市場，來創造新的產品價值。意思是：透過不斷追求改進與革新的系統和活動，以尋求「更好的產品、更方便、滿足更大的欲望」。

☑ KEY WORD

設定目標

要有明確的意義或目的，並制定具體目標來實現。杜拉克舉出設定目標時應持有的6個觀點為：①行銷，②創新，③生產率，④經營資源，⑤社會責任，⑥利潤。

☑ KEY WORD

策略計畫

杜拉克解釋，策略計畫是指①執行帶有風險的決策，②進行有系統的組織活動，以執行決策，③將活動結果和預期結果進行比較。並且應該要反覆執行。

☑ KEY WORD

決策

應按照規則來執行，而不是仰賴經驗或直覺。杜拉克指出，做決策的步驟為：①界定問題，②確認決策的目的與目標，③提出多種解決方案，④將想法轉化成實行辦法，⑤徹底執行，⑥評估結果。

Chapter

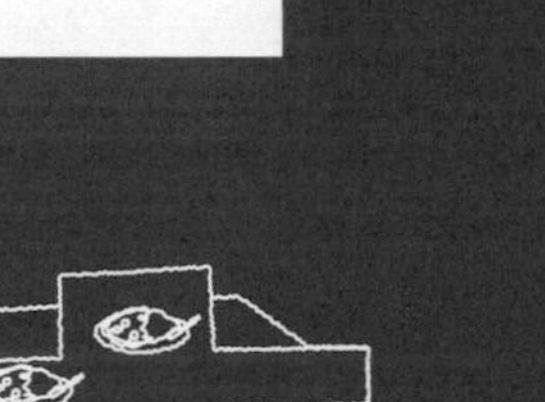

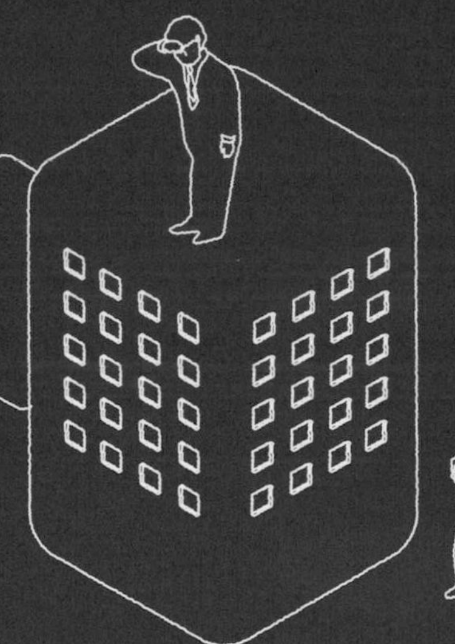

杜拉克教給人們的最強組織理論

大多數的商務人士都有自己所屬的組織。杜拉克在研究組織的過程中有了許多的發現，同時，他也留下許多建議給我們。相信各位讀完本章後，就會明白該怎麼做，才能讓組織變得更完善。

組織是為了實現目標而存在的構造

杜拉克對「組織」頗有研究。他在觀察的過程中，注意到組織不僅僅是人力配置而已。

在商場上，大多是許多人一起在組織中工作。人們往往認為組織就是「人力配置」，但事實並非如此。**組織是用來有效分配「人、物、錢、時間」等有限資源的構造**。那麼，該如何**設計組織**呢？首先必須思考的就是「為何要設計組織？」

組織不等於人力配置！

「組織」不僅僅是人力資源的部署。打造一個能夠妥善分配經營資源、提升成果的組織，也是很重要的一件事。

接下來必須思考的是「為達成目標，我們需要做什麼？」工作包括「有直接貢獻的工作」，以及「有間接貢獻的工作」。先將工作分類，接著再**思考如何整合成組織**。依貢獻的種類來區分組織後，就得決定「必要能力」的品質和多寡，然後思考各部門該做多少調整。

依貢獻類型來替組織分類

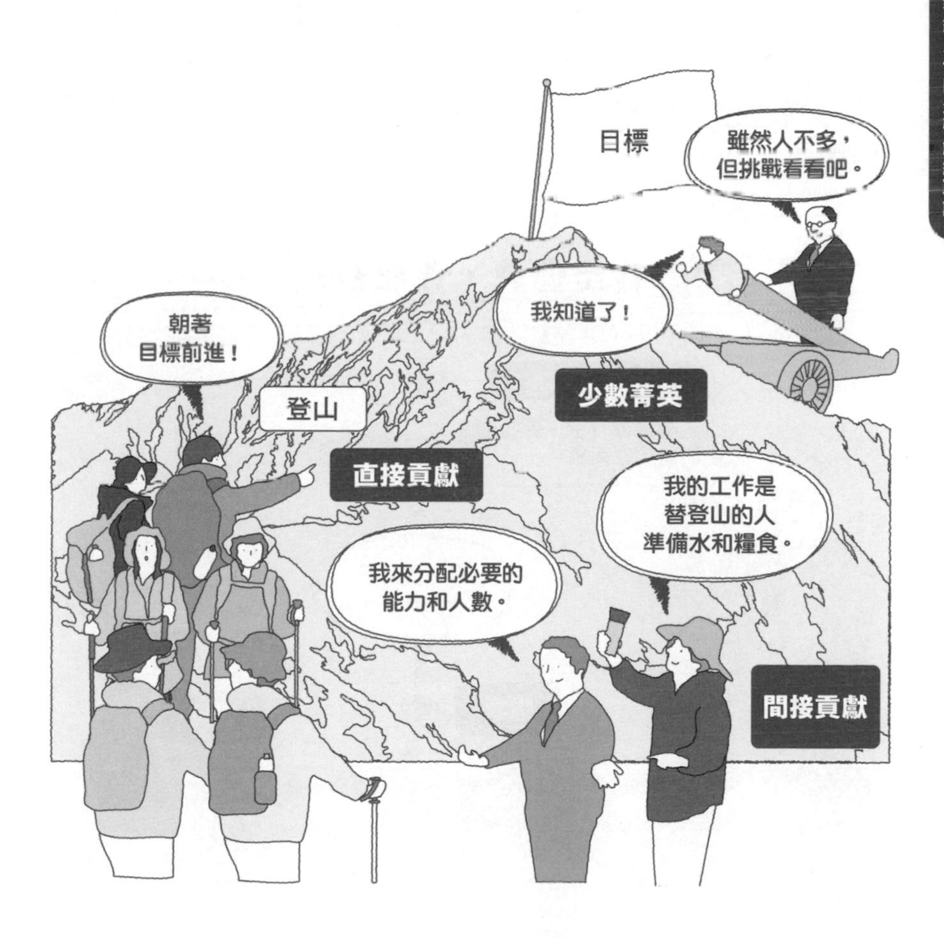

要達成目標，就必須妥善分配有限的經營資源，如人員、物資、資金、時間等。

設計組織時應有明確之目的

杜拉克解釋，設計組織時，必須先搞清楚策略是什麼。

策略對組織設計至關重要。因此，除了必須釐清組織的目的之外，還得整理出必要的活動和非必要的活動。要做到這一點，就必須進行**核心活動分析**。這是為了有系統地去瞭解「需要哪些業務來展現出本公司的優勢」而做的分析。**在「發揚優勢」以助公司生存的同時，也要「消除、克服」致命的弱點**。

找出優勢，克服缺陷

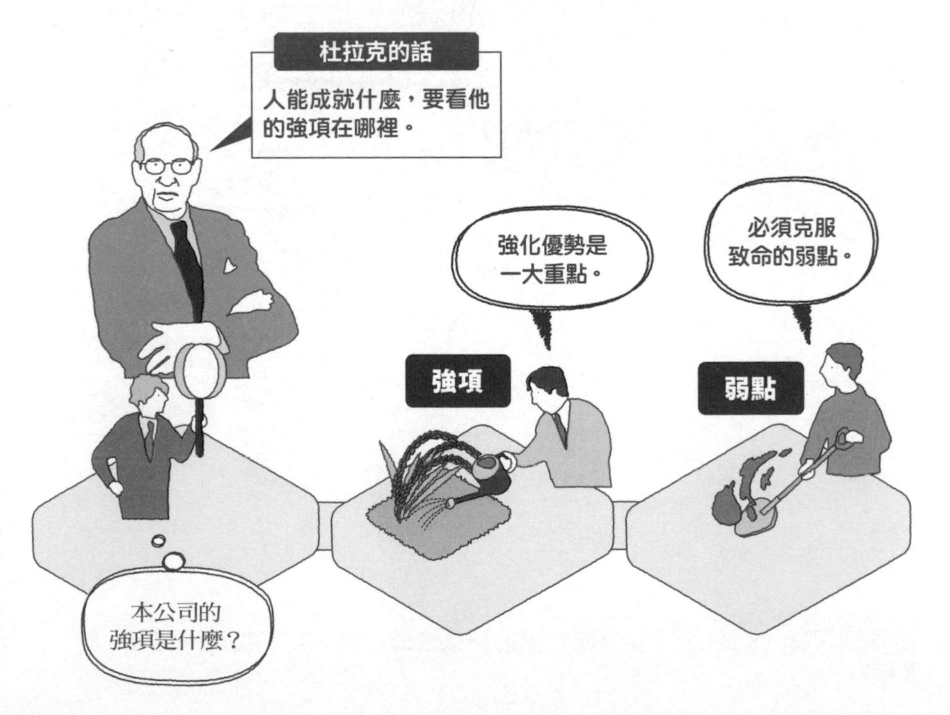

然而，由於資源有限，因此必須替「欲強化之強項」的部分決定優先順序，並且決定哪些屬於「延後、忽略也無所謂」的部分，哪些屬於「必須處理」的部分。**弄清楚該處理的部分有什麼，也是核心活動分析的一環**。此外，進行核心活動分析時，必須不斷問自己是否遵守著公司的經營理念：「我們要實現什麼？」、「這能否滿足客戶？」、「老闆的想法是？」

界定處理範圍

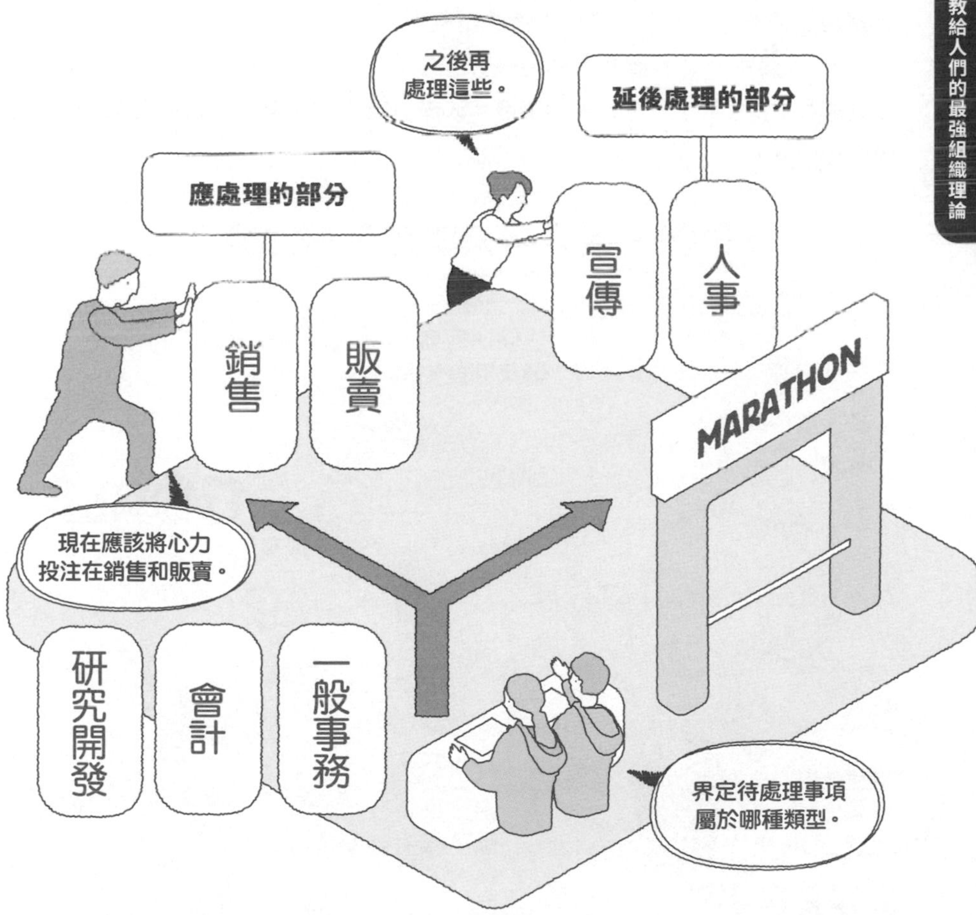

經營資源並不是無限的。「搞清楚該處理哪些事」也是核心活動分析的一環。

03 改善組織的2項分析

如何有效率地展開商業活動？杜拉克說，
這需要的是「決策分析」和「關係（貢獻）分析」。

杜拉克解釋，要提升組織的生產率，就必須進行「**決策分析**」和「**關係（貢獻）分析**」。所謂決策分析指的是對「為了取得成果，需要做哪些決定？」、「該決定會對哪些事物造成什麼影響？」、「由誰來執行該決定？需要哪些支援？」進行分析。**掌握好「決策」帶來的結果，就能檢視各部門的合作狀況**。

透過決策分析來決定最終方案

關係（貢獻）分析是指，確實掌握各部門之間的關係。「哪個部門對哪個部門有什麼貢獻？」、「哪個部門希望我們的部門做出哪種貢獻？」——像這樣釐清關係後，**就更容易找出未能做出預期貢獻的原因了**。當然，沒有一個組織是完美的，但杜拉克解釋，重點在於不斷嘗試改善組織。

透過關係（貢獻）分析來掌握部門之間的關係

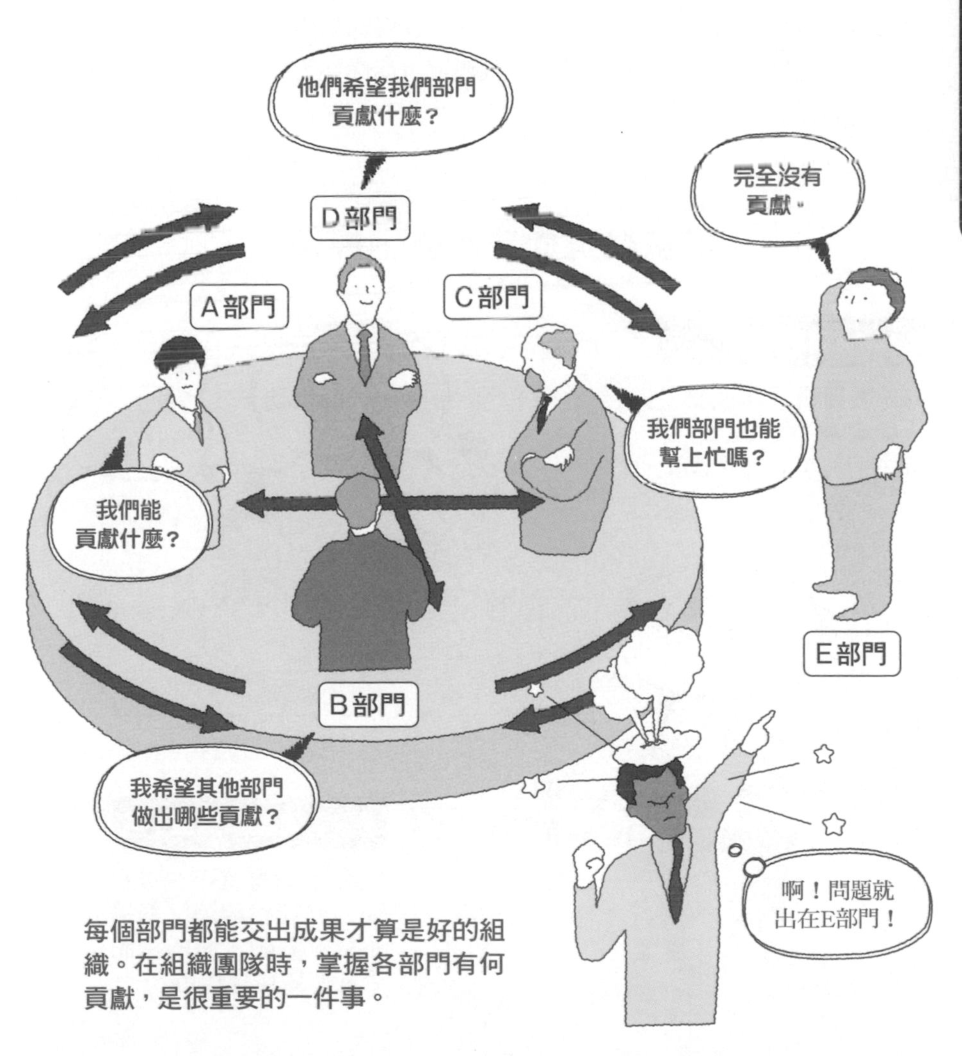

每個部門都能交出成果才算是好的組織。在組織團隊時，掌握各部門有何貢獻，是很重要的一件事。

04 組織該通過的7個條件

**如何分辨一個組織的好壞呢？
杜拉克曾舉出7個「優良組織的條件」。**

杜拉克舉出組織必須具備最基本的**7個條件**。①易於理解。②有經濟效益。③方向一致。④工作明確。⑤易於做決策。⑥組織結構安定。⑦能繼續存在。這些就是優良組織的必備條件。我們可以從條件①～⑤當中，看出杜拉克是個講求「明快」的人。

優良組織的7個必備條件

①易於理解

在「遇到問題該問誰？」、「如何獲取必要資訊？」等方面都讓人容易理解。

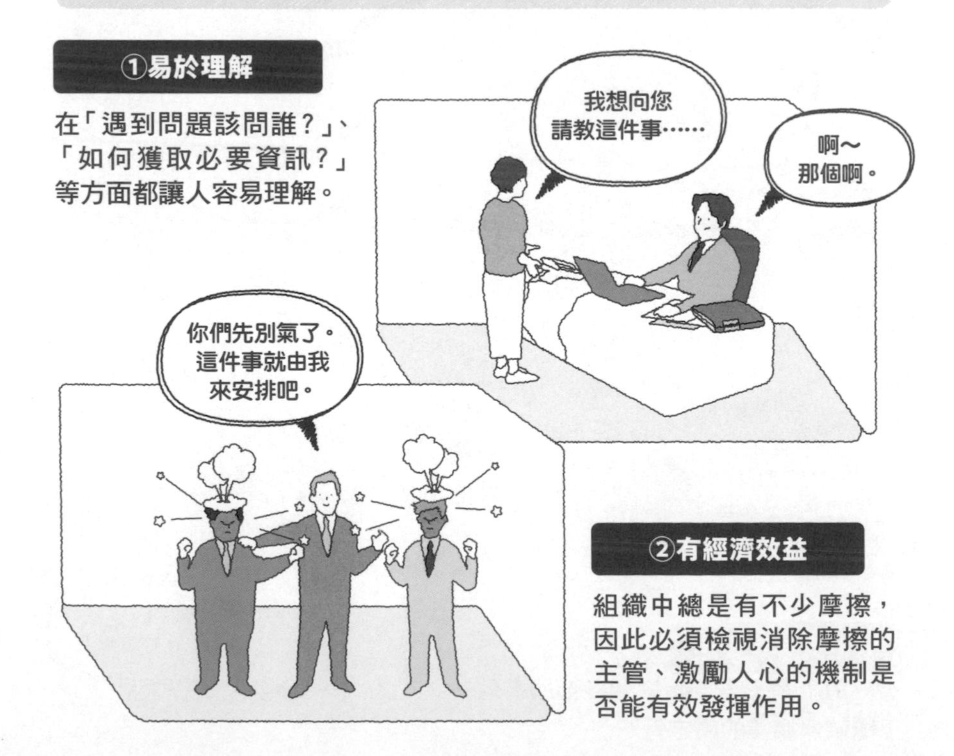

②有經濟效益

組織中總是有不少摩擦，因此必須檢視消除摩擦的主管、激勵人心的機制是否能有效發揮作用。

條件⑥、⑦所表達的是「組織穩定發展的同時，是否也能適應大環境？」對工作環境保持敏感是很重要的，但如果過於靈活，每次都要進行大規模的組織調整，那就無法平靜地專注工作了。然而，如果過度追求穩定，那麼組織的機動性就會下降。**重要的是要創建一個平衡的組織**。

③方向一致

組織應關注的方向始終不變。

④工作明確

對於「我的工作是什麼？」這個問題，必須人人都答得出來。

⑤易於做決策

做決策速度緩慢，或是難以做出決策的組織，就不是好組織。

⑥組織結構安定

指結構上很安定。頻繁改變結構並不能確保組織的穩定性。

⑦能繼續存在

即使能夠繼續維持下去，也要不斷求好、求變。這樣才是理想的組織。

05 掌握組織型態的優點和缺點

杜拉克也曾提過組織型態。每一種組織型態都有自己的優缺點。

公司的**組織型態**包含了「事業部制」和「功能別組織」。設立事業單位，以管理可以整合起來的商品群或地區——這樣的組織構造就叫事業部制。由於每個事業部都是獨立的，因此可以設立營利單位；但是，因為各事業部都有自己的間接部門，所以可能導致效率低落。採用類似事業部制的型態，透過總公司來整合間接部門，即可消除低效率的部分。

何謂事業部制？

事業部制結構下的每個事業部皆為獨立，好處是可以設立自己的營利單位。

功能別組織是一種根據製造、銷售、會計等業務內容來縱向劃分的組織結構。**由於具有高度專業性，因此適合培育專家，但缺點就是難以協調業務，導致部門之間容易產生摩擦**。這種組織不適合用於培訓需要從全公司角度做出決策的管理人員。在事業部制和功能別組織之間，有著優缺點互補的關係。

何謂功能別組織？

06 4個將組織導向錯誤方向的主因

員工們必須朝著同一個方向前進，才能做出成績。但有時也會用錯方法、走錯路……。

一個好的組織，能夠使其員工朝著同一方向前進。但是，好的組織也有用錯方法的時候。對此，杜拉克指出了4個**主要原因**。①根據職能對組織進行細分。②嚴格的階級關係。③前線和管理層的想法不一致，無法建立共識。④對錯誤行為予以獎勵。這些做法會讓組織養成一群沒有成效的人。

4大錯誤原因

想找到正確的方向，就需要「**目標管理**」。這包括根據上級部門的目標，為自己的部門設定明確目標，以及指導下屬為此目標做出貢獻。**設定、管理目標的最大好處是，管理者也可以思考和設定自己的目標**。他們可以主動審查自己的工作，並瞭解自己的工作如何做出貢獻。

目標管理

如果每個人都能為了達成目標而設定、執行計畫，最終就能幫助部門或公司達成大目標。

互相奉獻才是組織

杜拉克說：「必須不斷思考，什麼樣的貢獻能深深影響組織的成果。」

「公司」這種組織，是無法單靠某個部門做出成績的。作為一個合作體系，必須建立自己的規則。假如製造、銷售、會計、開發、人事等部門，都只考慮到自己的貢獻，就無法獲取大的成果。因此，**必須釐清各部門之間的關係，且每個部門都得思索，自己的部門如何為其他部門做出貢獻**。

互相貢獻的組織

部門和部門之間，具有前端工程與後端工程，以及支援與被支援的關係。而重要的是，部門之間要互相告知自已需要對方的哪些貢獻。而作為對其他部門的回報，自己的部門也得貢獻心力。上司和下屬之間也要有明確的**貢獻關係**。下屬的基本工作是輔佐上司，上司的基本工作是設定方針或目標，以及指導或協助部下。

上司、下屬和其他部門的貢獻

08 新事業不可缺少負責組織協調的經理人

組織不只需要該領域的專家，
還需要能夠引導員工發揮實力的經理人。

若無法妥善組合專業知識和能力，並發揮綜合能力，組織就無法實現飛躍性的進步。因此，**組織必須替專案選出一名適任的經理人。選擇時，比起將重點放在「這個人是否為該技術、開發領域的優秀人才」上，更應該看重「此人是不是一名能夠放眼大局、具有優秀的管理能力、能夠關注人力資源的通才（管理的專家）」**。

專家與通才

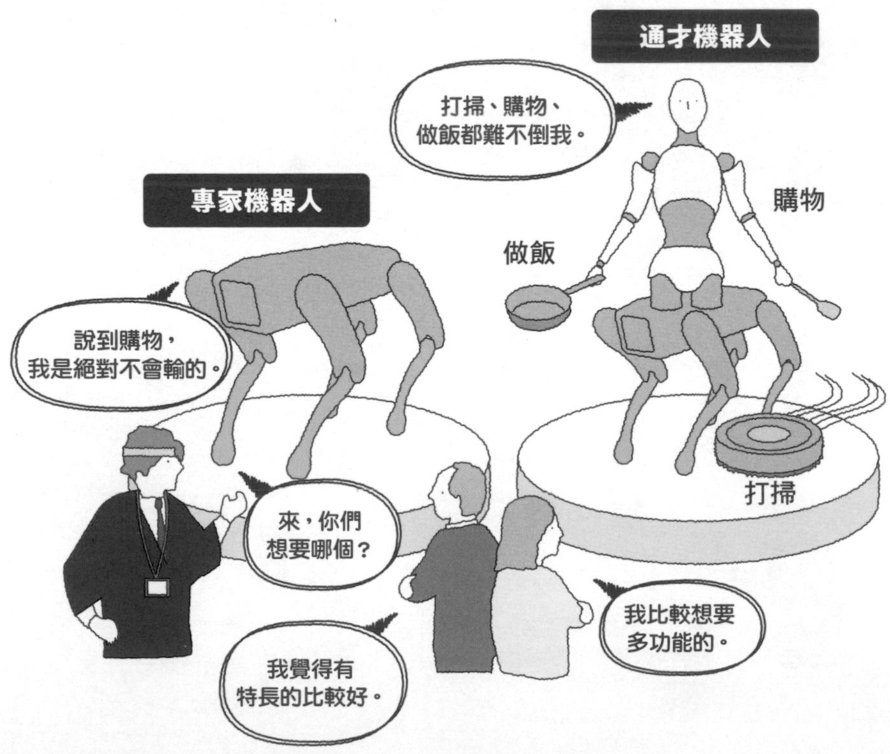

具有專業知識的**專家**，往往會堅持自己的專長，不自覺地試圖拉著別人往自己的方向走。若是堅持自己的想法，只懂得透過命令的方式來驅動大家，那就無法成為理想的領導者。杜拉克認為，能夠驅動公司內所有的機能，激發大家的特長，並予以協助、調整的人，才是不可或缺的經理人（管理專家）。

激發潛能的經理人（專家）

09 面對專家時只需看成果

「依照指示工作」並不適合用在專家身上。
最好的方式是只要求績效，其餘的就交給他們自己決定。

專家是運用專業知識與技能來工作的人。這些人包括工程技術人員、化學家、生物學家、自然科學專家、律師、經濟學家、註冊會計師等。**專家們很容易對工作上收到的指示和處置感到不滿或抱有疑慮**。因此，將「由我來決定工作內容，他們只須遵從就好」的想法用在他們身上是行不通的。

將方法論留給專業人士

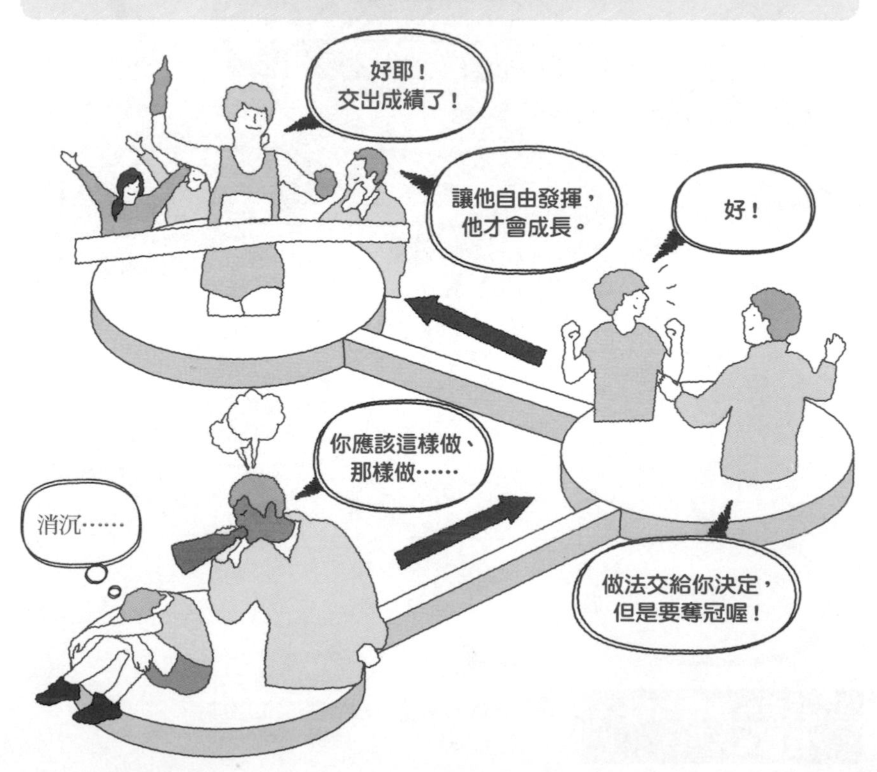

專家們受到這種待遇時，就會失去幹勁。他們最清楚「該怎麼做才是最好的」。**請專業人士工作時，只需要求結果**。不過，雙方必須共享彼此的目標方向與價值觀。此外，杜拉克也說明，理想的做法就是讓專家們自行決定工作方式，而拿不出成果的話，就是他們的責任了。

對專業人員提出更高的績效要求

不要執行全場一致通過的決策

杜拉克並不贊同在會議中做出一致通過的決策。這是為什麼呢？

做決策的意思就是，在幾個選項中做出判斷與選擇。然而，許多人會先有自己的觀點，只看自己想看的事實。做決策時的重點在於**建立判斷基準，以判明選項的可行性和優勢**。為此，必須實地觀察問題，並根據獲得的回饋意見制定評價標準。

意見完全一致是很危險的

另外，在做出決策前，必須經過多人的充分討論。杜拉克重視的不是全場一致的意見，而是**聽取多方意見（如：反對意見），並加以驗證**。杜拉克亦指出，遇到毫無對立意見的案件，反而不應該妄下決定。假如大家都做了深入研究，把該問題當作自己的問題來思考，那麼必然會產生對立的意見。而有用的提示就藏在對立之中。

讓多方、充足的意見去交戰

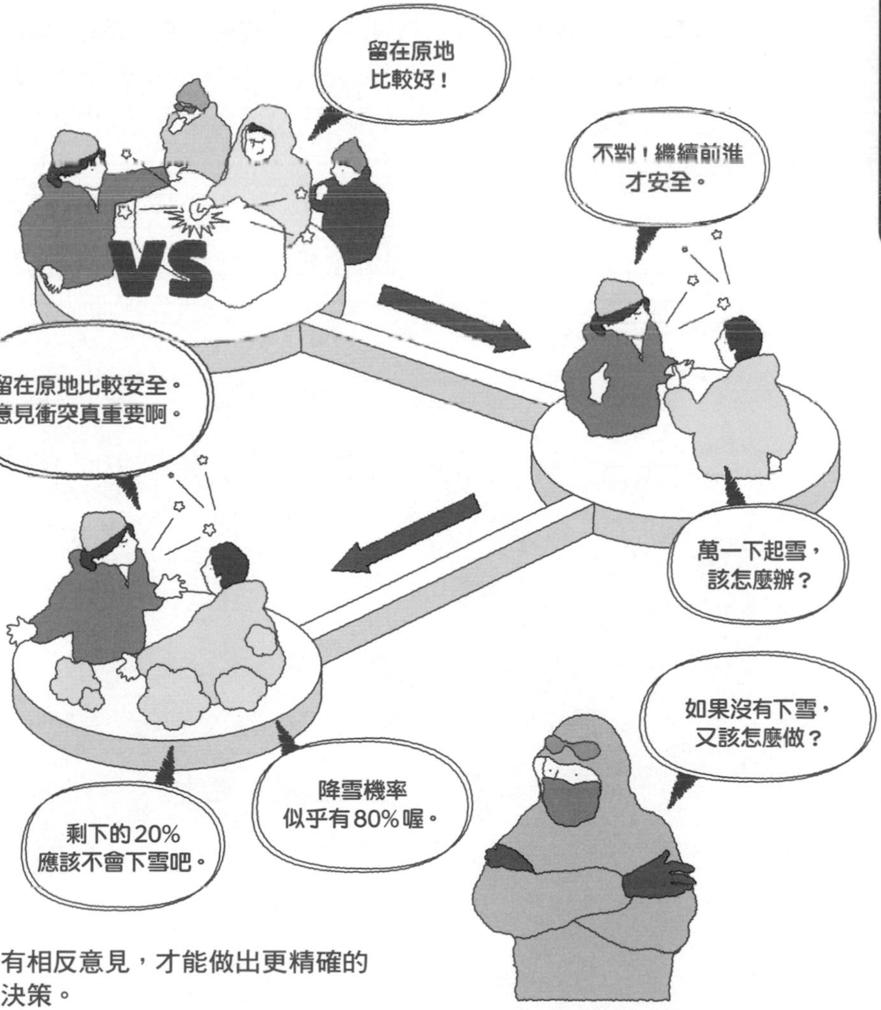

有相反意見，才能做出更精確的決策。

即使是下屬也要管理上司

**讓上司發展他的優勢，而他的缺點就由下屬來補足。
要取得成果，就不可缺乏對上司的管理。**

任何人都有和上司對立、相容或不相容的部分吧。作為下屬的人，也需要管理自己的上司。杜拉克解釋，讓上司有所作為、**提升上司的績效**的關鍵在於「善用他的長處」。處於被動狀態，或是只顧著改善自身缺點的人，是無法拿出成果的。因此，就像尋找自己的強項一樣，也試著去找出上司的強項與習慣吧。

讓上司有所作為

杜拉克指出，下屬有責任善加利用上司的長處。

上司的成功就是下屬的幸福。公司是一個可以將每個人的優勢集中起來，做出重大貢獻的地方。議論上司的缺點，或是試圖粉飾太平，大概都不會得到什麼好結果。**鋼鐵大王卡內基的墓碑上，刻有這樣的字句：「長眠於此的人，善於讓比他優秀的人為他工作。**」這就是創建一個有成效的組織所需要的思維。

上司的成功就是下屬的幸福

12 為了讓家族企業蓬勃發展，該注意哪些優先事項

家族企業總是帶給人封閉的印象。杜拉克指出，
該重視的是「企業」，而不是「家族」。

說到日本的**家族企業**，往往會讓人聯想到「昭和風格」或「中小企業」。家族企業通常是由老闆和其親屬掌握經營權，並擔任重要職務，因此好處是，他們會不辭辛勞地為公司工作。此外，因為他們具有強烈的家業意識，所以往往較有動力去實現目標。而另一方面，家族成員獨占重要職務也有可能形成弊端。

如何讓家族企業蓬勃發展？

家族企業並不是只有缺點。正因為是家族企業所以能有更強烈的責任感，而這可能會變成有助企業生存的優勢。

舉例來說，有些人靠著親屬關係登上高位，卻沒有相應的能力。除此之外，還有股東因繼承而分散的例子，這會導致公司變得難以指揮控制。杜拉克指出，**成功經營家族企業的關鍵，是將「企業」置於「家族」之上**。這是因為，如果僅靠親屬關係就能登上高位，那只會換來低迷的業績和優秀人才的辭呈。

將「企業」置於「家族」之上

No. 02

鮮為人知的杜拉克生平②

觀察
社會真實風貌的
未來學家

杜拉克是「知識巨人」、「20世紀的見證者」和「管理學之父」。他又被稱作「未來學家」，因為他對「世界將如何發展」的預測，往往會獲得證實。

杜拉克雖然有這麼多稱號，但他總是稱自己為「社會生態學家」。而「社會生態學家」其實是杜拉克自創的詞。

「生態學」這門學問，主要是在觀察生物的「自然的」模樣，並研究其狀態與變化。

就像自然生態學家觀察動植物一樣，杜拉克也會觀察人類社會。他認為自己的使命，就是將自己觀察到的事物傳達出去。

事實上，杜拉克真的觀察到了社會的真實模樣，並在幾十年前就準確地指出了現代社會發生的各種現象，如資訊社會、少子高齡化社會、環境問題、金融危機和恐怖主義的崛起。

Chapter 2

用語解說 KEYWORDS

KEY WORD

核心活動分析

以客觀角度去瞭解現實，確實掌握組織的核心活動。杜拉克解釋，核心活動的結構應該要盡可能簡單。另外，把組織的目的放在心上也是很重要的一件事。

KEY WORD

7個條件

杜拉克列舉了7個用來評價組織的條件：①易於理解。②有經濟效益。③方向一致。④工作明確。⑤易於做決策。⑥組織結構安定。⑦能繼續存在。

KEY WORD

將組織導向錯誤方向的主因

杜拉克解釋，有4個主要因素會導致一個組織走向錯誤的方向。①根據職能對組織進行細分。②嚴格的階級關係。③前線和管理層的想法不一致，無法建立共識。④對錯誤行為予以獎勵。

KEY WORD

目標管理

根據上級部門的目標來設定自己的目標，再根據目標來確認該採取的行動，並獨立自主地追求、管理自己的目標。每個人都有目標意識的話，就能預期整個公司或部門會因此而實現更大的目標。

KEY WORD

貢獻關係

杜拉克說，組織是互相貢獻的關係，也就是說，貢獻關係具有一定的重要性。若只考慮到自己的部門的貢獻，則無法取得更大的成果。不管是哪個部門都應該思考，自己究竟能夠對其他部門或整個公司，做出哪些貢獻。

Chapter

3

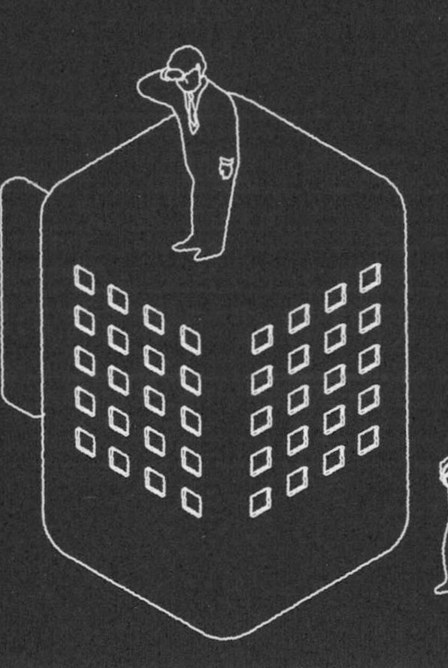

向杜拉克學習
成為領導者的條件

領導者是負責引領組織的重要人物。領導者應該是什麼樣的人呢？杜拉克對此進行深入的觀察及研究。現在有下屬的人，以及立志成為領導者的人，都應該讀一讀本章。

什麼是真正的領導力？

杜拉克認為，領導力不是與生俱來的資質。
他解釋，說到底「領導力就是一項工作」。

領導力指的是「整頓團隊、引領團隊實現目的」的能力。有些領導人很有魅力，然而，如果沒有那種先天資質，是否就無法發揮領導力了？其實最重要的，就是做好該做的事。**能夠將該做的事情轉化成日常工作，讓每一天的活動與最終目標結合，才能稱為優秀的領導力**。

領導者必須做好自己該做的事

發揮領導力並不需要先天的資質。杜拉克認為，「做好該做的事」才是重點。同樣重要的還有「將該做的事融入日常工作中」。

杜拉克說，「真誠」是領導者絕對需要的資質。「真誠」意味著誠實和高道德的行動。除了真誠之外，有系統地「學習」和「經驗」也是領導者所需的要素。不過，這兩個要素並絕對必要。這是因為，如果缺乏「學習」和「經驗」的話，也可以利用其他要素來補足。

3大要素：真誠、學習、經驗

領導力的方程式是「真誠×（學習＋經驗）」，而其中的「真誠」乃是必備條件。若學習或經驗為0，則無法發揮領導力，但是可以代換成其他非0的要素。

領導者是建立機制的人

杜拉克說明，激勵人心的關鍵不在於心態，而是在於建立一個值得努力工作的體系。

人一旦沒有**動力**，就無法拿出好的工作結果。簡單來說，動力就是幹勁，然而，單憑「拿出熱忱！」之類的精神喊話，是無法讓下屬拿出幹勁的。領導者必須建立一種機制來激發幹勁，例如進行「**適當的調配**」，讓下屬可以做自己有熱忱的工作。這就是領導者的職責。

4個激發動力的要素

①適當的配置

人在做喜歡的工作、對他人有所貢獻的工作時，就會產生動力。

②高水準的工作

人在挑戰稍具難度的工作時，就會產生動力。

杜拉克還舉出3個有效的機制，即**「高水準的工作」**、**「自我管理的必要資訊」和「參與決定」**。請運用以上這4種要素，來激發出下屬的動力吧。還有一項能夠大幅提升工作動力的要素，就是「對工作負責」。當人們被賦予重要的任務時就會變得更積極。

領導者必須擁有一顆真誠的心

杜拉克說，領導者必備的素質是真誠。這是非常基本的條件。

正如第73頁所提到的，杜拉克指出，領導者絕對得具備的特質，就是**真誠**。杜拉克解釋，領導者必須組織、管理他的團隊，而為了做到這一點，擁有真誠的心就是絕對條件。一個優秀的領導者，並不需要魅力來吸引人。說到底，真誠看待工作才是最重要的。

不真誠的領導者會使組織墮落

真誠的人是誠實的。為了自保而撒謊、隱瞞失敗的領導者，只會毀掉組織。真摯的人會採取有道德的行動。一個不走正途，最終導致組織毀滅的人，自然是不好的領導者。此外，真摯的人擁有不可動搖的信念。講話總是變來變去的人，不但無法獲得他人的信任，也無法成為優秀的領導者。

領導者必須預測未來

領導者必須預測可能會遭遇的風險，為團隊及事業可能會面對的將來做準備。

杜拉克說，**預測**未來相當困難，但還是得盡可能地為將來做好準備。在思考未來時，最重要的就是要知道「經營環境會不斷改變」。此外，找出「尚未影響到經濟的變化是什麼？」也很重要。接下來則要**對「發生變化的機率是多少？何時發生變化？」進行分析，為將來做好準備**。

用理性的方式預測未來

為未來做準備時，還必須考慮到工作上的風險。任何工作都存在著風險。杜拉克將這些風險分為4類：**「需要承擔的風險」、「可以承擔的風險」、「無法承擔的風險」和「不承擔的風險」**。判斷公司將來會遭遇哪種類型的風險，才能為將來做出更具體的準備。

存在著4種類型的風險

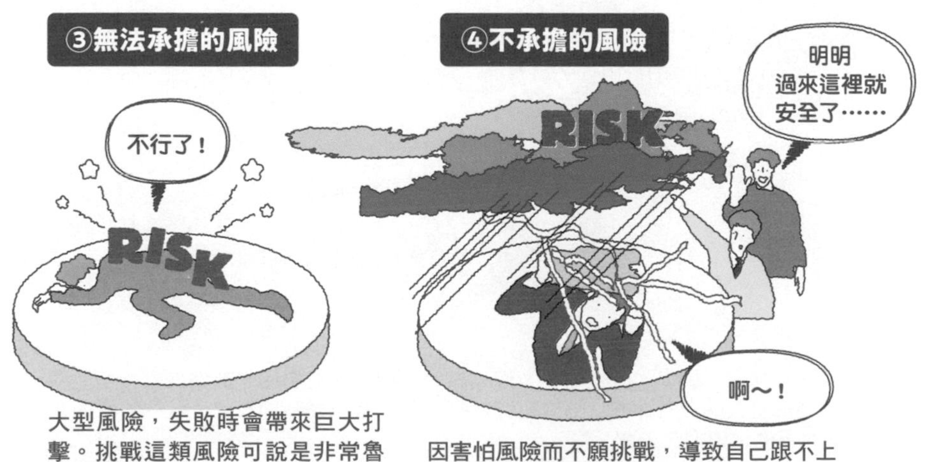

05 領導者必須將變化視為機會

杜拉克將「視時代變化為機遇的領導者」稱為「變革型領導者」。

在瞬息萬變的現代社會中，「能否將變化視為機會」是非常重要的一件事。對於那些可以將變化看成機遇的人，杜拉克稱之為**變革型領導者**。成為變革型領導者的條件有4個。第1個條件是：能夠捨棄以往的做法。第2個條件是：能夠針對工作上的各方面不斷進行改進。

變革型領導者的4個條件

檢查商品、服務、顧客、分銷等各方面的事物，如果有需要改變的地方就捨棄，而不是堅持於過去的做法。好比汽車廠商每隔幾年就會推出新的車款，定期放棄固有商品，也是基於這個理由。

第3個條件是：不斷追求成功。不少組織會著把焦點放在問題上，以防止反覆失敗；但更重要的是，應該在組織內共享成功的資訊，並分析那些成功案例。第4個條件是：促成創新。在組織內建立起可以創新的機制，以提高孕育創新的機會。

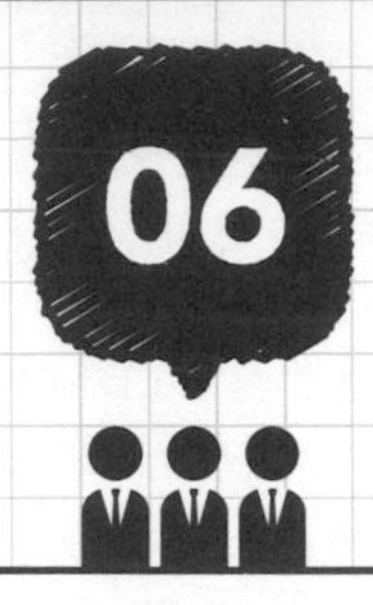

將工作交給基層處理也是領導者的職責

前線管理人員最瞭解實地發生的情況。杜拉克指出，應該要將權力和責任交給他們。

杜拉克認為，若想在前線取得成果，那麼「賦予**一線管理人員**權力」就是很重要的一件事。因為，取得工作成果需要的是，一線管理者根據自己的判斷來指揮現場，而不是對高級管理層唯命是從。將工作下放給一線管理者的好處是，**瞭解前線的一線管理者，能夠根據操作人員的能力適當地分配工作**。

下放權力以提升生產率

領導者的職責不是強加工作給下屬，而是要重新確認「工作的目的是什麼」，並與前線人員分享。剩下的就給予信任，交給他們去做吧。不過，「委託」和「放任」是不一樣的。管理前線也是領導者的工作之一。

另一個好處是，能夠現場決定工作順序，並判斷工作是否符合目的。比起對前線一知半解的人，想要提升生產率，就應該要把權力交給瞭解前線的人。公司的領導者（經營者）應該賦予前線領導者權力與責任，再把工作交給他們。

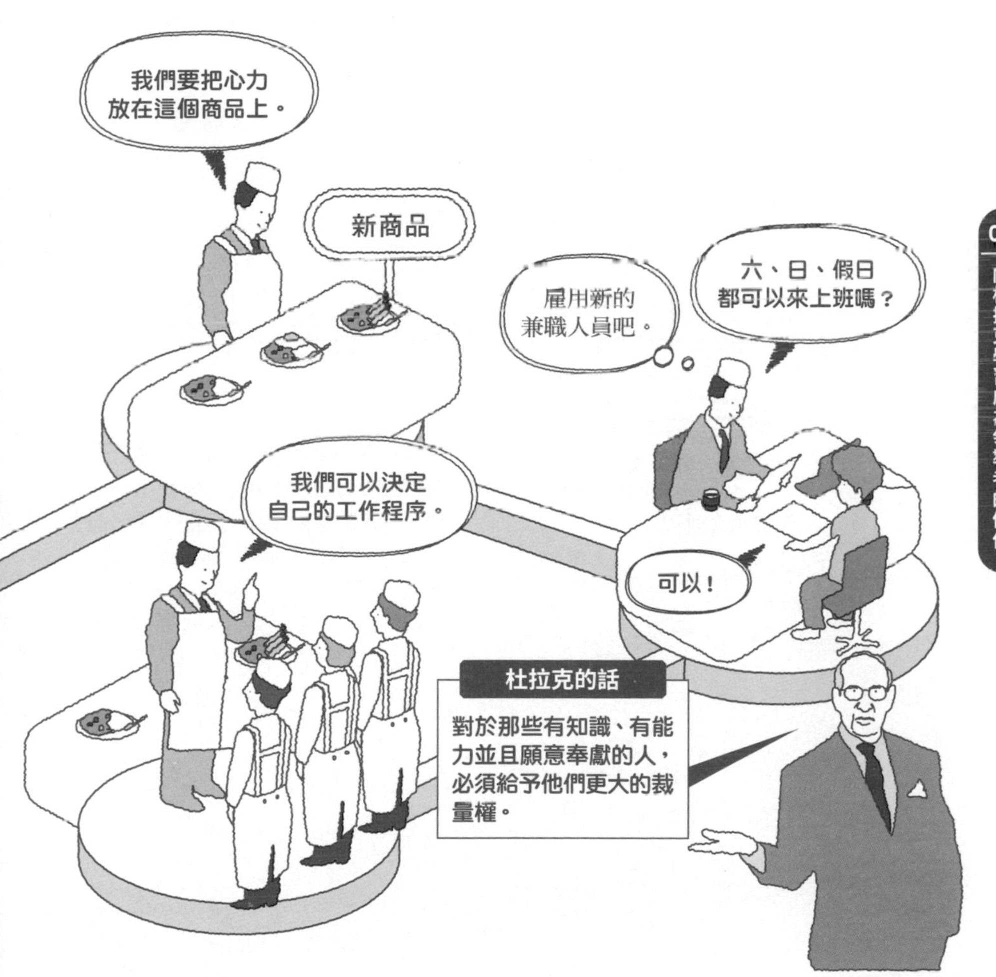

當前線管理人員被賦予權力，並能自行做出各種決定時，現場的生產率就會提高。不賦予他們權限，就更有可能造成損失。

領導者必須為危機做好準備

在商場上，你永遠不知道什麼時候會遇到危機。領導者必須為此做好準備。

世事變化無常，現在賣得很好的商品，也有可能迎來滯銷的那一天。面對這些危機時，領導者有3個選擇。①**逃避**：想辦法擺脫危機。②**等待**：等危機發生後，再來想對策。③**準備**：做好迎接危機的準備。逃避和等待是無法應付危機的，而準備反而是提升業績的機會。

唯有「做好準備」，才能應付將來的危機

當紅商品和受歡迎的服務總有一天會遭到時代淘汰。我們必須趁商品或服務成功時，思考往後的對策。雖說有「逃避」、「等待」、「準備」這3條路可走，但是能夠應付時代變化的，就只有「準備」而已。

準備是指，做出更好或更新的東西。想讓現在的自家商品變得更好，就必須進行改善；想做出更新的商品，就需要創新。杜拉克說，在這樣做的時候，領導者不能拘泥於過去的成功。而**挑戰新事物時，不妨試著組織新的團隊**。

逃避
時代的變化無可避免，因此即使試圖用一貫的做法來逃避，也是行不通。

等待
等到發生變化才開始思考對策的話，可能就無法做出適當的對應，或者是為時已晚。

準備
透過創新，例如製作新商品為變化做準備等，將有助於提升業績。

分享資訊是領導者的工作

杜拉克說，領導者做出決定後要確實傳達給下屬。這對組織來說很重要。

出現A、B兩種選擇時，因為領導者選了A，所以下屬們也會遵從此選擇。這是許多組織都會做的事，然而，**領導者有沒有對下屬們說明選擇A的理由，卻會造成天大的差異**。瞭解了下決定的理由之後，下屬才會信任領導者，並尊重他的判斷。「閉上你的嘴，乖乖服從」的態度是無法讓人產生信任感的。

向組織成員公開下決策的理由

領導者為組織做決策時，若不向下屬說明理由，下屬就無法認同並遵從這樣的判斷。

將做決策的相關資訊分享給下屬，就能讓下屬更加瞭解領導者的想法。杜拉克說：「很多領導者認為『組織裡的每個人，應該都能理解我的行動，以及行動的理由』，但事實並非如此。」一個領導者若想讓下屬更加瞭解自己，就必須在組織內**共享資訊**。

09 時常聆聽下屬的意見

杜拉克告訴我們，溝通是為了讓每個人都能拿出成果。

溝通是經營管理的基礎。實際上，杜拉克也說過「溝通是經營管理的起點」。我們要追求的，既不是上對下，也不是下對上的溝通，而是能夠讓彼此互相理解的深度溝通。杜拉克還說：**「溝通是感知、期待和要求，而不是資訊。」**

溝通是領導者的職責

上司對下屬的單向喊話，即屬於上對下的溝通。這種溝通方式無法讓彼此建立互相理解的關係。下對上的溝通也是同樣的道理。

我們可以將感知、期待、要求和資訊，分成以下4種類型。①讓對方理解。②將目標設為「讓對方每天都期待著對話」。③傳達要求內容。④資訊是客觀的，溝通是主觀的。對於「強化上司和下屬之間的關係」來說，這樣的溝通非常重要。

讓人互相理解的4個原理

思考並設計適當的工作分量

杜拉克說，分配工作給下屬時的重點在於，要分配「能讓他們做出貢獻」的工作。

領導者最重要的職責之一，就是將工作分配給下屬。而此時必須注意的是，要分配**適當的工作**給下屬，讓下屬能夠為公司做出貢獻。太簡單的工作會讓下屬感到不滿足。領導者應該分配給下屬的是，對下屬來說具有挑戰性，且難易度適中的工作。而下屬成功克服此工作後，就能獲得自信與成長。

能讓下屬成長的工作分配方式

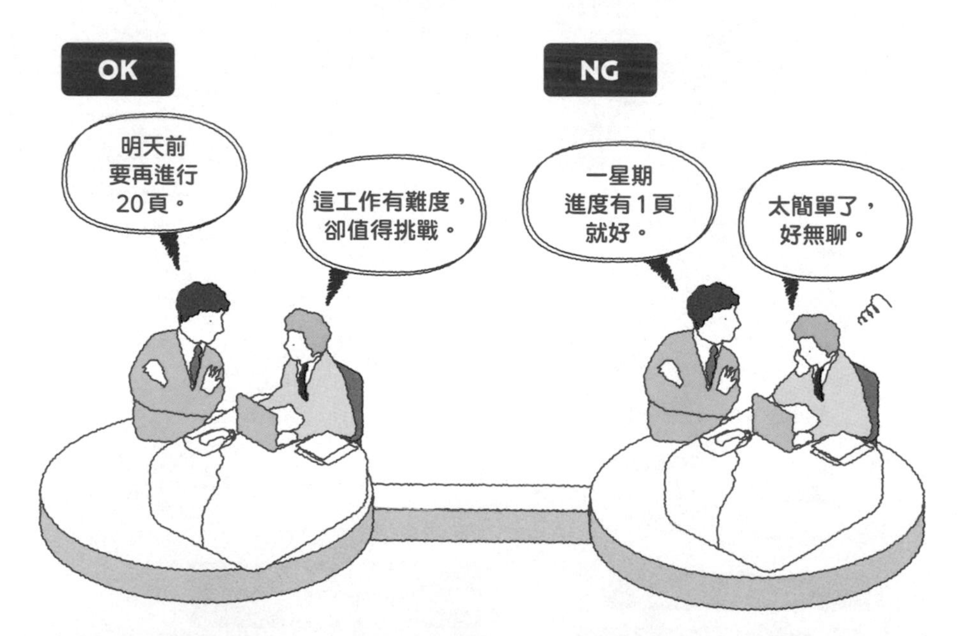

如果只讓下屬做不太需要技能的任務，他們就會覺得工作無聊、缺乏挑戰性。要完成大工作，下屬才會產生自信，有所成長。

分配工作時的另一個重點是，不要把工作時間拉得太長。長期的工作很難讓人獲得成就感，而無法品嘗到成功的滋味，就會影響到下屬的信心和成長。此外，雖說協助上司也是下屬的工作之一，但是，一直讓下屬做協助的工作也不太好。這是因為，**假如老是在輔佐上司的話，那麼對下屬來說，工作就變成取悅上司了**。

若只讓下屬做期限很長的工作，就會產生缺乏成就感的問題。又因為難以體驗成功，所以不容易成長。

只讓下屬從事協助的工作，會使下屬以為「我的工作成果，就是討上司歡心」，還會使下屬變成無法下決策的人。最終恐怕會導致組織腐敗。

根據成果來評量一個人，而不是根據個人喜好

領導者在評價下屬的工作時，應把重點放在結果上，而不是個人好惡或工作態度。

職場中存在著各式各樣的人際關係。在這種情況下，領導者該用什麼做基準，才能正確地評價下屬呢？杜拉克指出，一個組織的正當與否，取決於有沒有**注重成果**的精神。簡單來說，注重成果的精神就是，用「得到什麼結果」來評價一項工作，而不是用「是誰做的」來評價。

應該以注重成果的精神來評價下屬

評價下屬時，不要因為人際關係而對其進行寬鬆或苛刻的評價。根據他們的工作成果來進行評價，才能稱為注重成果。另外，公開評價標準，也會使得評價更加公平，這樣下屬才能專心投入工作。

「中意的部下拿出成果了，我得給他好的評價」或是「是我不喜歡的部下做出成果，所以我不想給他好評」都不叫注重成果。另外，領導者注重成果的話，也要讓下屬知道「成果」的標準是什麼才行。**有了明確的標準，下屬的動力也會提升不少**。

關鍵在於正確地評價成果。成果不只包含了可量化的事物，如銷售額、降低成本等，還包含了不可量化的事物，如管理、協助等。

不要將下屬視為問題、成本或敵人

杜拉克說，要管理下屬並激勵他們成長，重點就在於，應該把下屬看作會成長的資源。

杜拉克解釋：「必須把人（下屬）視為資源，而不是**問題**、**成本**或**敵人**，才能提升人的績效。」上司沒必要把下屬當成包袱，或是威脅到自己的地位的敵人。上司該做的事，就是激發下屬的能力。這才是團隊的成果，也就是上司自己的成就。

人是會成長的資源

員工是不可或缺的存在，他們能讓公司變得更好。

人是讓組織得以運作的關鍵。上司必須適當地活用下屬。為了做到這一點，上司和下屬都必須發揮自己的專長，並互相協助。上司應該將下屬安排在能夠充分發揮其優勢的地方。**當上司發現下屬無法拿出成果時，則要重新檢討這個安排是否妥當**。

重新思考下屬是否正在取得成果

為了拿出成果，領導者必須有效地利用下屬們。因此要適才適所，將下屬分配到能夠發揮其專長的位置上。

No. 03

鮮為人知的杜拉克生平③

在混亂的時代中注意到社會與金錢的關係

杜拉克度過年輕時代的20世紀初，當時的歐洲正是非常混亂的時期。

當時，「資本主義」和「社會主義」陷入了激烈的衝突之中。資本主義主張追求利益，藉由自由工作讓人們變得更富裕。社會主義則不滿地認為，資本主義的做法只會加深貧富差距。

由德國政治家希特勒等人推動的「極權主義」，就是在這個時代崛起的。極權主義的概念是，人民應該為了社會體制的利益，而捨棄「個人」，並服從國家。

杜拉克認為希特勒的極權主義具有危險性，並提出了警告，然而當時的人們已經將希特勒視為替他們解決經濟危機的領袖，因此不能接受杜拉克的想法。

杜拉克看著這樣的時勢，便意識到：人們終究還是會被錢所驅使。

自那之後，杜拉克就不斷思索著幸福社會與金錢的關係。

KEY WORD

領導力

領導力指的是「管理組織內的人才，以及建立計畫，引領團隊實現最佳成果」的能力。杜拉克認為，能夠將該做的事情轉化成日常工作，讓每一天的活動與最終目標結合，才是優秀的領導者。此外，這就跟練鋼琴一樣，只要一直練習就會進步。

KEY WORD

動力

意思是「幹勁」或「意欲」。用於商業領域時，常具有「動機」的含意。欲提升動力，必須要有①發揮所長的場所，②高水準的工作，③能讓你評價自己的工作的明確資訊，④從經營者的角度看待工作。

KEY WORD

真誠

即「誠實」、「以高尚的道德來行事」。另外也指「誠實面對工作」以及「擁有不可動搖的信念」。杜拉克解釋：「欠缺真誠素質的人，無論能力再好，也不適合擔任組織的管理者。」

KEY WORD

變革型領導者

指能夠應付激烈變動時代的人。杜拉克認為，變革型領導者認為須符合4個條件：①能夠捨棄過去的做法，②能夠針對工作上的各方面不斷進行改進，③不斷追求成功，④促成創新。

KEY WORD

溝通

指建立在共通語言、共識上的溝通。工作中溝通的大前提是分享目的、目標和進展狀況等。此外，杜拉克也指出，讓溝通成立的人是被動方。

Chapter

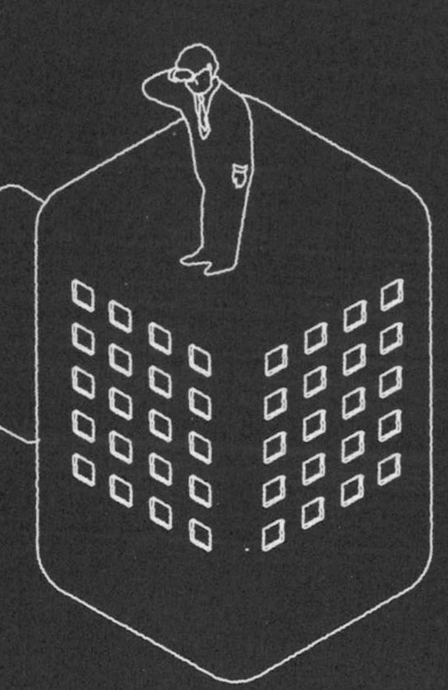

杜拉克式・時間管理

每天都有大量的工作等著處理，這導致許多商務人士被時間追著跑。「那些取得成果的人不是以工作為起點，而是以時間為起點。」杜拉克的這番話，指出了「時間管理」對於工作績效的重要性。本章介紹了數種杜拉克提倡的時間管理法，如：使用時間的方式、如何避免浪費時間等。

01 認識時間的性質

杜拉克對常見的「工作前，應先有計畫」理論抱持懷疑，他解釋：「應該先考慮時間，再來考慮計畫與工作。」

人們常說「要珍惜時間」。越是有能力、有成就的人，越懂得珍惜時間、把時間擺在第一位。這是因為，用來實現某個目標的時間是限的，**時間是無法被取代，且極度稀少的資源**。我們無法像調度資金或物資那樣調度時間。儘管如此，還是有很多人以為時間無限多，視其為理所當然。

瞭解時間的性質

時間是稀少資源

時間具有高度稀少性，做任何事時都應該把時間擺第一。

金錢買不到時間

我們無法買到時間。而且也無法向別人借時間。

時間是有限資源。為了避免浪費時間，我們必須先瞭解**時間的性質**。時間無法儲存，也無法借給別人。時間一旦流逝，當然就再也回不來了。杜拉克指出，時間總是供不應求，因為無論對時間的需求有多高，時間的供應量都不會改變。這就是為什麼我們**需要對時間進行管理**。

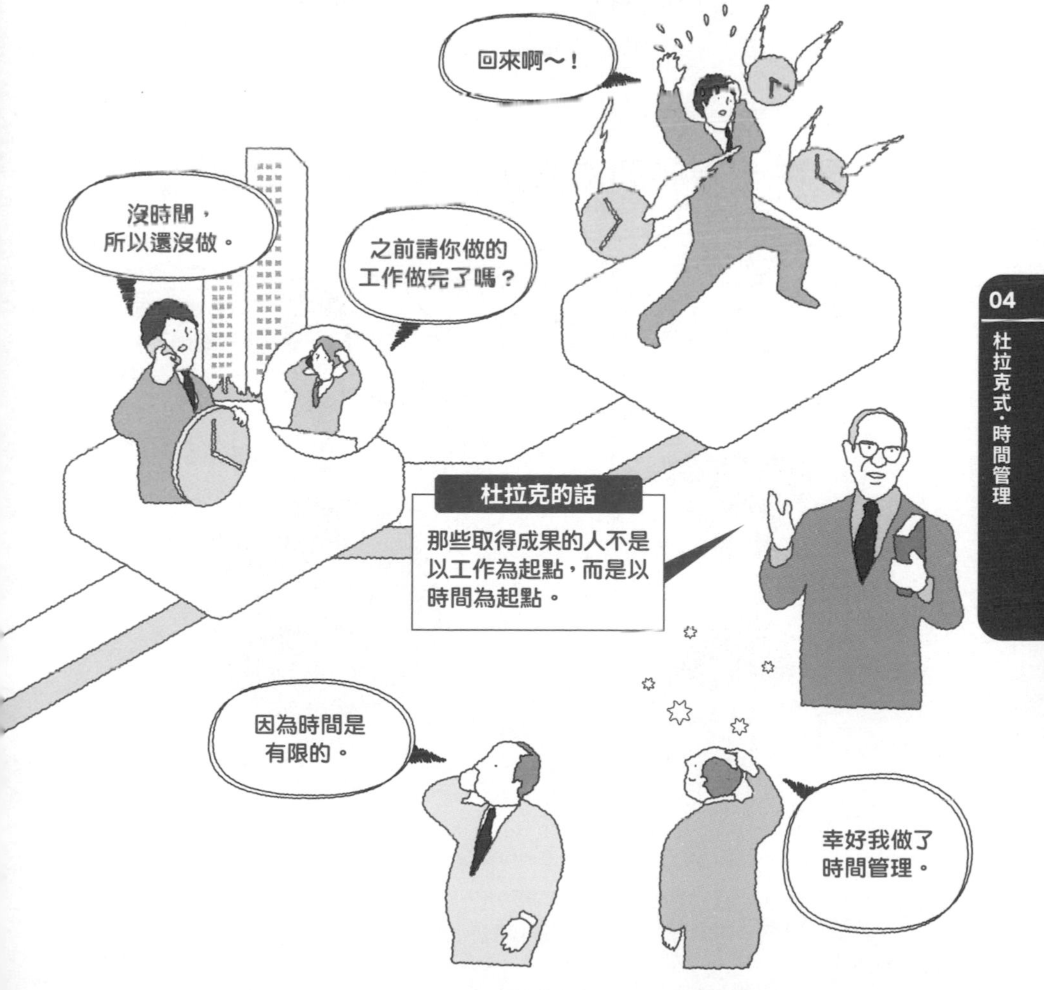

04 杜拉克式・時間管理

02 杜拉克式·時間管理的3個程序

杜拉克說，有3個擠出時間取得成果的方法，並指出管理時間的重要性。

即使你認為你在用自己的方式管理時間，但只要待在公司，時間就會被其他人剝奪，等到回過神來，才發現自己總是只剩下零碎的時間。上述的事情經常發生。要推進工作，**就必須保留一大段完整的時間**。為此，杜拉克建議人們可以先從「即時記錄時間使用方式，掌握事實」開始做起。

記錄使用時間的方式，找出浪費之處

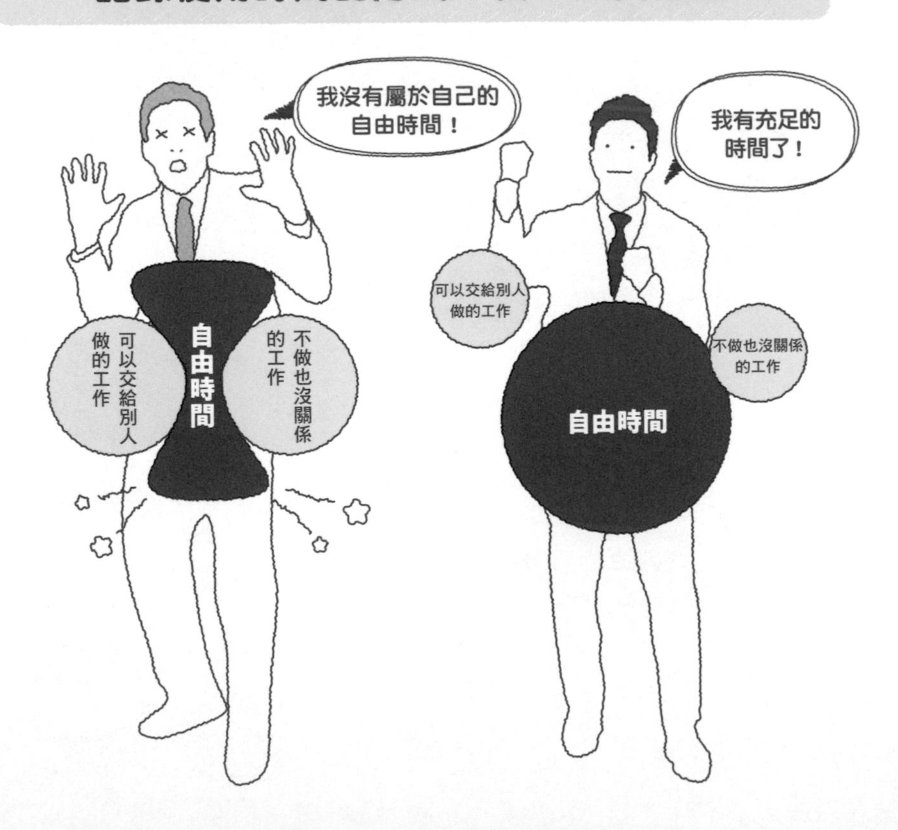

杜拉克提出3個步驟，以作為管理時間提升績效的基礎：①記錄時間，②管理時間，③整合時間。簡單來說就是先記錄時間花在哪，再分析那些事是否屬於必要的工作，最後將時間整合成一段完整的時間。瞭解**時間的使用方法**，才能增加自由時間，不再浪費這些珍貴稀少的資源。

管理時間，以獲得時間

・自己如何使用時間？
・什麼事占用了時間？

・分析浪費時間的原因。
・這件事需要立即處理嗎？
・將工作分類成必要的和現在不必要的。

・將同類型的工作集合起來集中做。
・訂一個處理基本工作的時段。
・利用一段完整的時間專心處理工作。

杜拉克的話

不要憑記憶，而是要即時做紀錄。

找出浪費時間的原因並加以解決

杜拉克說明：「人需要充裕的時間，才能做出成果。」因此重點就在於，找出浪費時間的原因並解決。

只要是組織裡的員工，就免不了遇到無法自己控制時間的情況。開會、討論、協助下屬等，這些都是無法控制的事情。**在公司裡的職位越高，就會被他人占用越多時間**。不過，只要意識到這一點，「浪費時間」就是一個可以解決的問題。

找出浪費時間的根本原因

①缺乏系統或預見性，招致週期性的混亂與問題

反覆出現的混亂與問題，無非是懈怠所引起。遇到這種情形，應該要做好預防措施，如製作指南手冊等。

②人員過剩

人員過剩就是浪費。對人員和分配的時間進行管理，是很重要的一件事，例如進行職務分配等。

杜拉克指出了4個典型的浪費時間的原因：①招致週期性混亂與問題的「缺乏系統或預見性」，②「人員過剩」，③「組織上的缺陷」，如會議過多，④資訊傳遞機制不完善所造成的「資訊機能障礙」。找出這些**浪費時間的原因**並消除，才能替自己騰出一段完整、可自由支配的時間。

取得成果的人 懂得整合時間與工作

杜拉克說：「如果要我挑出一個取得成果的訣竅，那就是『專注』。」這也說明了完整時間的重要性。

當你有很多工作要做時，**整合出一段完整的時間**來專心處理一項工作非常重要。因為，擁有一段完整的時間，哪怕只是上班時的一小段時間，也能讓你迅速處理工作。盡量將時間整合起來，例如在下班前處理回覆郵件、匯報工作等雜務，或是決定好星期幾要開會、面談等。

整合時間和工作

越忙的人，越熟悉「專注的方法」。**杜拉克的研究也指出「能拿出成果的人，都是從最重要的事開始做，而且一次只處理一件事」**。將時間和精力集中在一件事上，就可以在短時間內完成工作；但如果是同時處理好幾件事，那麼只要其中之一出了問題，其他工作就會跟著停擺。

決定優先順序，並專心處理一件事

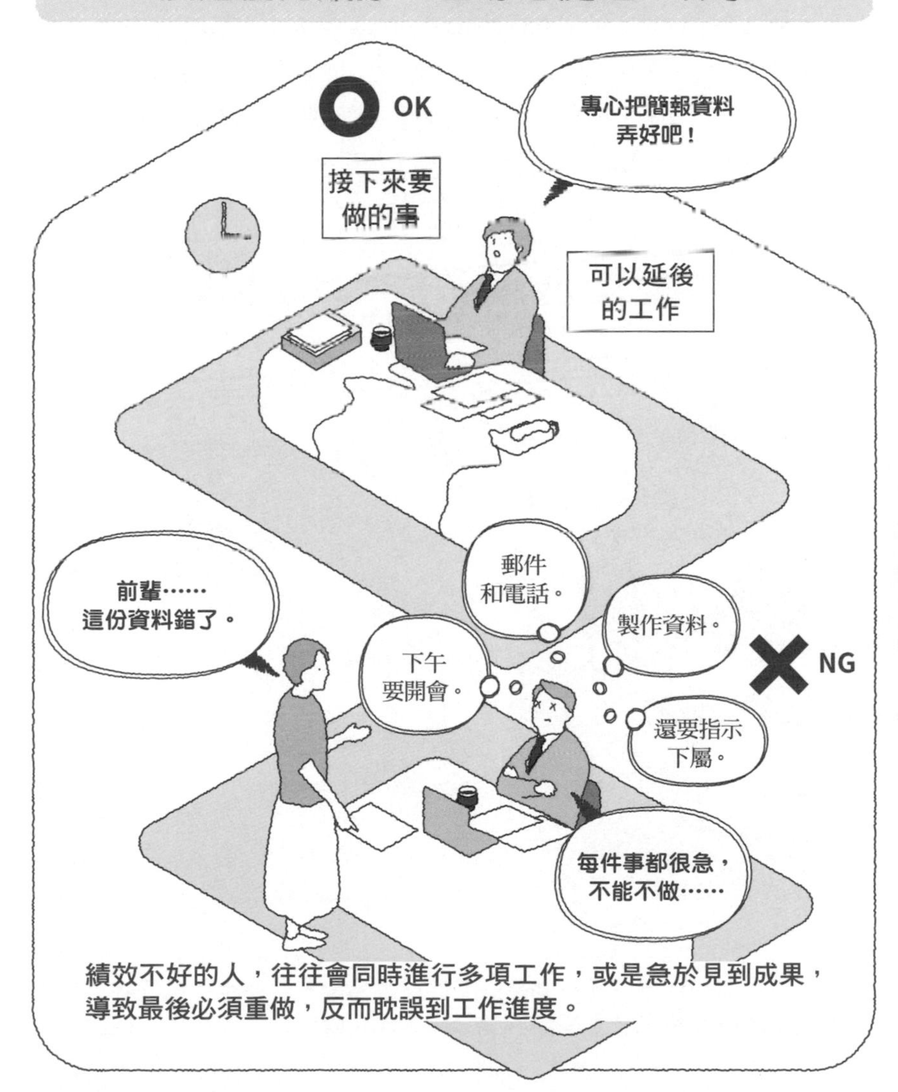

讓開會目的變得有意義

杜拉克指出，開會時必須「先瞭解目的是什麼」，才能讓會議變得有意義。

開會人數過多、時間過長、沒有結論等。像這些毫無生產率，只是在浪費時間的會議，就是多餘的會議。杜拉克說，想**讓會議變得有意義**，就要重視資訊的傳遞、分享，以及欲決定的事項。這麼做才能避免製作多餘的資料，擺脫不斷繞路、遲遲沒有進展的窘境，使會議變得更具生產力。

不要讓開會變成純閒聊的集會

沒有明確目的的會議，只不過是一個閒聊的集會。此外也經常看到，有決定權的老闆或部長在台上高談闊論，而其他參與者只能聽他說的情形。

會議有了明確的目的後，如果大家都不發表意見，或是踴躍發言卻無法達成共識，那麼這場會議也是形同無意義。首先該做的，就是根據開會內容嚴加挑選適當的成員。接著應該**要求所有參加者「做出貢獻」**。重要的是，所有參與者都要討論如何實現目的和目標，好比提出建議、提出有用的意見、以專家的身分做出貢獻等。

會議要聚焦於「貢獻」

開會的目的是傳達訊息，是分享資訊，還是決定事情？有明確的目的，並提前告知與會人員，才會往有意義的方向做準備和進行會議。至於要求所有參與者做出貢獻，則是能夠改變發言的熱忱和深度。

06 捨棄沒有成果的工作

杜拉克指出，安排工作優先順序同時決定劣後順序，即「挑選出不應該投入心力的工作」也很重要。

忙碌是導致人們失去判斷力或創造力的主因之一。假如一直處於精疲力竭，無法恢復精神與體力的狀態，就沒辦法拿出好的表現。因此杜拉克解釋，決定工作的優先順序和劣後順序是很重要的一件事。不過，雖然決定工作的「優先順序」相對簡單，但決定「**劣後順序**」可就是相當困難了。

決定劣後順序當然也很重要

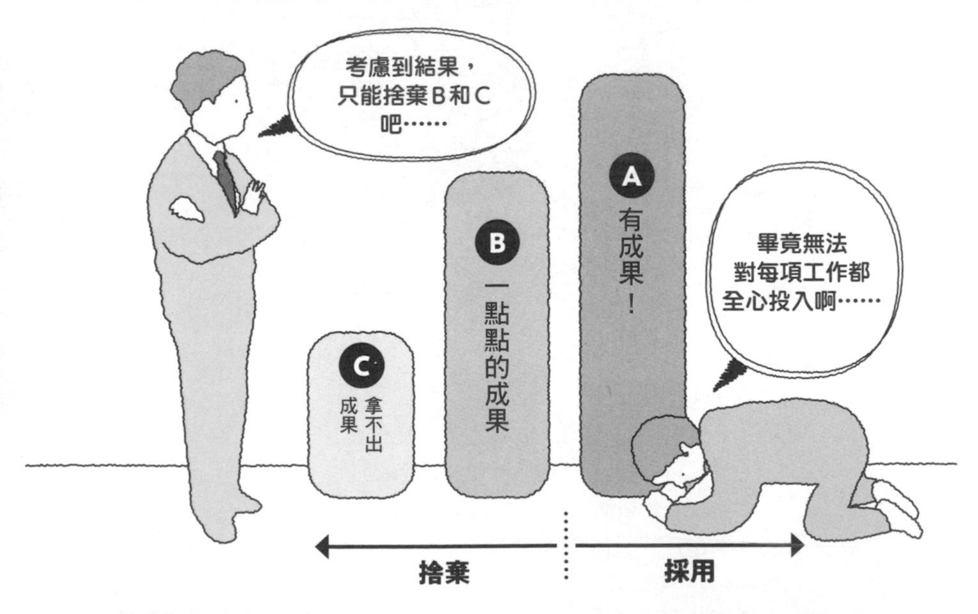

劣後順序就跟柏拉圖法則（80／20法則，即8成的銷售額是由2成的商品創造的）一樣。其想法是，與其打散時間和人力，不如捨棄其他工作，優先處理能夠帶來成果的工作。

劣後順序指的是，捨棄已經失去處理價值的工作。撤回已投入的資源是需要勇氣的，而且，這樣做可能會使參與其中的員工感到強烈不滿。還有另一個疑慮是，可能會被競爭對手公司取得成功。**但為了將來著想，還是必須決定劣後順序，並且將投入的資源轉移到優先事項上**。

決定劣後順序是為了將來著想

跟不上時代的事業、製造許多問題的事業、在業界或市場上跟其他公司沒有差異的事業、過於保守毫無新意的事業——這些都是應該要勇敢放棄的事業。但重要的是，懂得放棄之外，還要懂得追求未來的成功。

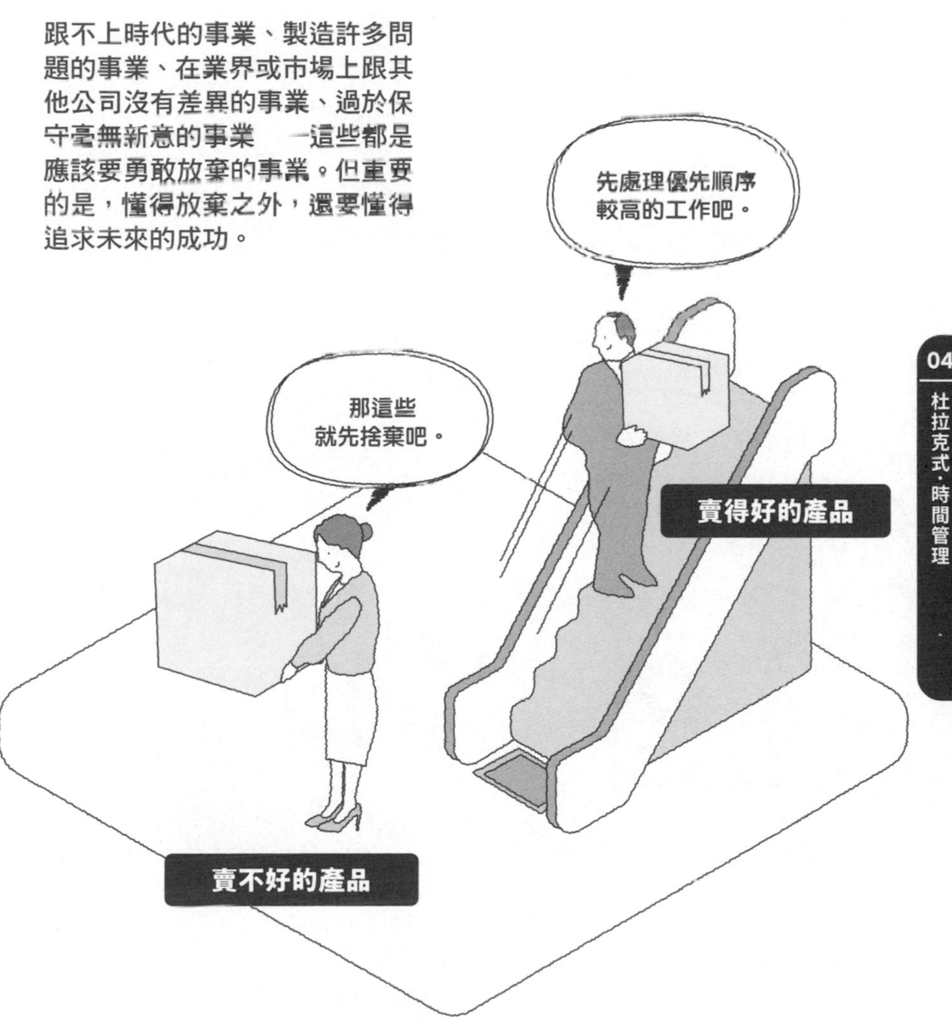

07 選擇未來而非選擇過去

決定順序是一項很有壓力的工作，
杜拉克說明：「重點在於分析，而非勇氣。」

「決定**優先順序**」就是要將時間和精力花在應該優先處理的工作上，而這跟劣後順序比起來，算是相對簡單。不過，決定優先順序時也有一些需要遵守的重要原則。杜拉克列舉了4個原則：①拿出勇氣選擇未來，而不是選擇過去。②將焦點和心思放在機會上，而不是問題上。

是否具有發展潛力且充滿機會？

③做好心理準備，朝著自己的方向前進，而不是與人並行。④關注革新，而不是關注安全、簡單的事物。也就是說，選擇看似容易成功的路，而不願挑戰新事物的話，就無法取得大的成果。**杜拉克亦指出，如果要取得更大的成就，那麼除了需要分析、決定優先順序的能力之外，還會需要做決定的勇氣**。

勇於追求機會

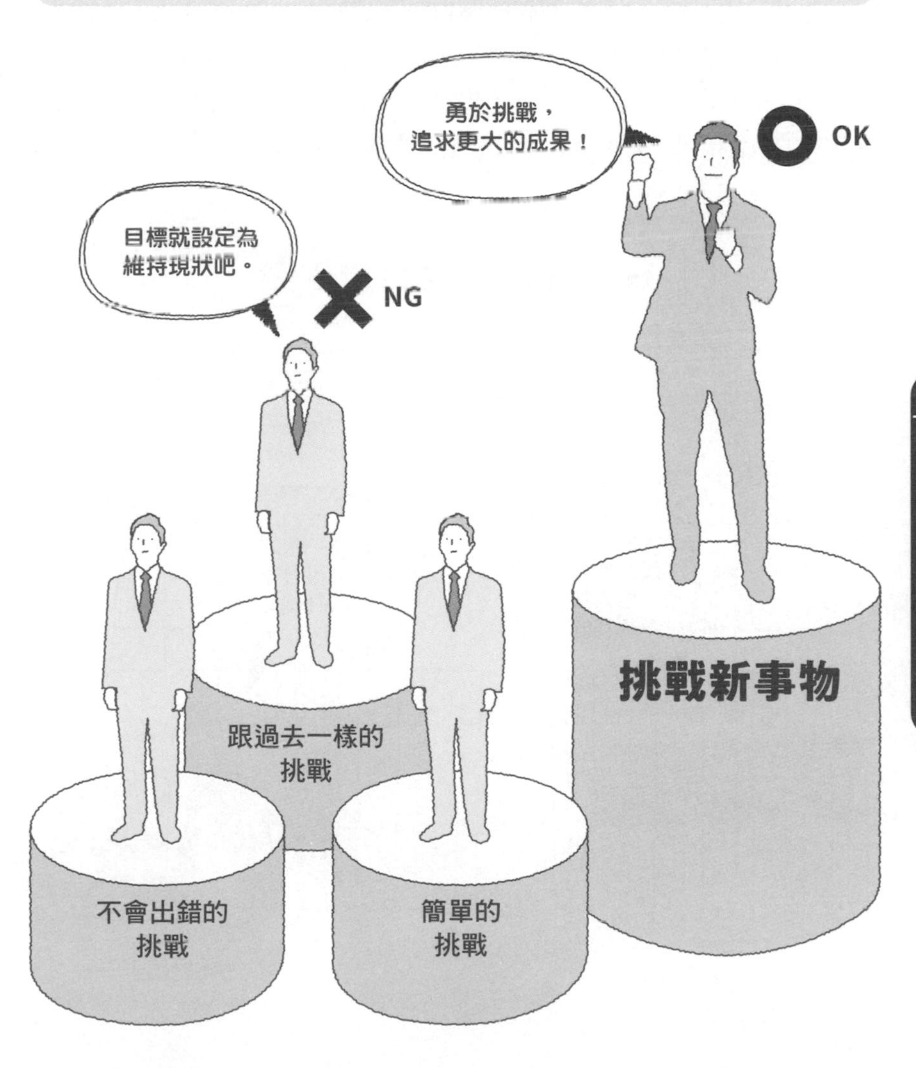

將時間投資在自己的強項上

杜拉克說明：「能拿出成果的，都是努力做自己的人」，這說明了活用自身優勢的重要性。

假如你是組織裡的一員，就很難依照自己的想法來工作。相反地，你往往會被組織的方針和立場，或是你被賦予的立場所限制。但是，就算哀嘆「公司不讓我做自己想做的工作」也無助於提升工作效率和成果。**若想提升效率或取得成果，就應該善加利用自己的長處和優勢**。

在允許範圍內全力以赴

即使模仿別人，也只會遇到困難，導致效率低落而已。「能言善道」也好，「懂得察言觀色」也好，總之先想想**自己的優勢**是什麼吧。分析自己屬於哪種類型也是一種思考方式，例如：「自己是一個突出的人，還是一名幕後英雄？」正如同杜拉克所說的「只有長處能帶來成果」，自己的長處就是自己的資源，只要善加利用，就會更容易取得成果。

利用自己的優勢來提升生產率

No. 04

鮮為人知的杜拉克生平④

杜拉克影響了許多名人

杜拉克在他的一生中留下了許多著作，並影響了世界各地的許多人。

杜拉克不只影響了歐美企業的經營者，就連日本著名的索尼（SONY）、UNIQLO、伊藤洋華堂等大型企業的經營者，也深受他的影響。

杜拉克生於第一次世界大戰前。從他誕生的時代到現代，社會的風貌和人們的觀念都已經改變了許多。但是，杜拉克說的話卻不會過時，因為那些話也適用於現代人。

不僅如此，近年來，杜拉克的作品也很受年輕企業家和商務人士的歡迎。

杜拉克總是在觀察人類的本質，思考人類的幸福，因此，即使時代變了，他的教誨仍能與時俱進。

KEY WORD

時間

時間是所有資源中最稀少的一種。人沒辦法積存時間，因此不善加利用，就無法提升生產率。杜拉克解釋，為此，人們應該要管理時間，找出浪費時間的原因，以確保自己不會浪費時間。

KEY WORD

劣後順序

指「不該處理的工作」的順序。不過，捨棄已失去處理價值的工作需要一些勇氣。因此杜拉克說，決定劣後順序比分析劣後順序還要難。

KEY WORD

優先順序

指「應該處理的工作」之順序。杜拉克說，決定優先順序時有4個原則：①選擇未來，而不是過去。②聚焦於機會，而不是問題。③要有獨特之處。④關注帶來變化的東西，而不是安全的東西。

KEY WORD

優勢

「優勢」是指，比別人或其他公司優秀的地方。杜拉克指出，應該將人力、物資和資金集中在優勢上；相反地，對於弱點則可以忽略或擱置。此外，願意做他人或其他公司不想做的事，也算是一種優勢。

Chapter

5

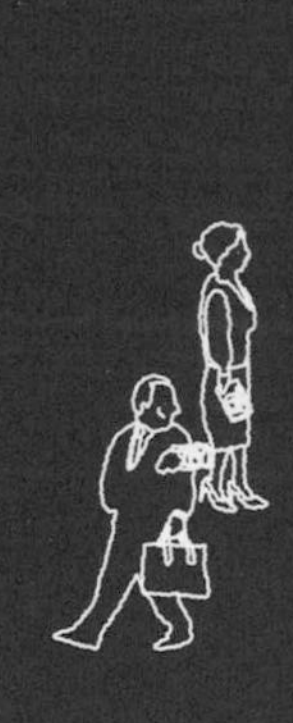

知識巨人的自我實現法

已經很努力工作，結果卻不如預期。這種理想與現實不符的問題，應該困擾著不少人。那麼，該怎麼做才能讓自己更上一層樓，拿出更多的成果呢？接下來就讓杜拉克來教我們如何自我管理吧。

有助於提升績效的5個習慣

杜拉克說：「能自行做決定並取得成果的人，都有5個習慣。」

杜拉克將那些「會自己做決定並且採取行動」的商務人士稱作「**經營者（executive）**」。經營者通常是指企業的核心幹部，或是高階主管等。然而，杜拉克對經營者的定義是，無論是新員工、下屬或基層員工，只要是主動採取行動的人，都算是一名經營者。

杜拉克所定義的經營者

談到「經營者」時，人們往往會聯想到核心幹部或高階主管。但是，杜拉克所定義的經營者，卻包含了位階最低的員工，以及根本沒有職位的員工。因為，只要是會自己主動做決定，並負起責任採取行動的人，都算是經營者。

杜拉克所指的經營者，就是那些做出成果的人物。而養成下列的「**5個習慣**」，將有助於取得成果。①有系統地使用時間。②注意他人對自己有何期望。③善用優勢。④先做重要的事，並專心處理。⑤做有效的決策。請大家務必養成這5種習慣。

有助於提升績效的5個習慣

①有系統地使用時間

先瞭解自己平時使用時間的方式，以及什麼事情占用了時間。接著就能消除那些會造成浪費的使用方式，並開始有系統地管理時間表。

②注意他人對自己有何期望

應該思考的是「自己可以對周遭貢獻些什麼」，而不是「自己想做的事」。請把他人對自己的期望放在心上吧。

③善用優勢

與其思考如何克服弱點，不如思考如何發揮自己的長處。擁有一把武器的人，終究還是比不上也不下的人來得強。

④先專心處理重要的事

有些人會同時處理好幾件事，但有績效的人往往會優先並專心處理最重要的事。

⑤做有效的決策

在某些情況下，你必須做出對組織及業績有重大影響的決定。這種時候就得做出有助於取得成果的決策。做決策的方法請參考第134～135頁。

真正的工作價值在公司外

企業真正的功能，發揮在它與外界的聯繫中。
若只考慮公司內部的事，就會看不見真正的成果。

在企業官方網站裡的企業理念頁面上，或許會寫著該企業擁有哪些回饋社會的使命。此外，許多企業的領導者也會談論他們公司在社會中扮演的角色。杜拉克說「組織的使命就是**對社會做出貢獻**」，但作為一名員工，很容易光是處理每天的工作，就忙到忘記這一點。

只考慮公司的事，視野就會變得狹隘

在組織內工作的人，往往會把注意力和心思放在公司內部。如果不刻意把目光投向外面的世界，視野就會變得狹隘。

杜拉克曾說：「**一個組織越是成功、壯大，經營者就越容易忽略他們在社會中真正的工作與成果。**」因為，工作的真正成果是對公司外產生的。但是公司員工往往會優先將能力和注意力投注在公司內部，然後把公司外的世界忘得一乾二淨。

工作的價值在於公司外的世界

公司存在於社會之中，因此，對公司外的世界有所貢獻，才算是做出了真正的成果。關注公司內部的同時，也要看看公司外的世界，否則將無法瞭解真正的工作價值是什麼。

03 創造自己

杜拉克告訴我們，重要的是「掌握自己的優勢，並確實地運用到自己的工作方式上」。

「**知識工作者**」是杜拉克提出的概念之一。知識工作者指的是，利用自己的知識對企業或公司做出貢獻的勞動者。而知識勞動者的對比，就是那些照本宣科工作的勞動者。杜拉克說，能夠自行思考並採取行動的勞動者，才叫做經營者，也就是能夠主動做決策、對組織做出貢獻的人。

使用知識工作的知識工作者

知識工作者會利用知識來處理沒有前例的案子。研究開發人員、專業技術人員、外科醫師、經營者等都屬於知識工作者。

若要以知識工作者的身分工作，並以成為經營者為目標的話，就不能忽視「自己的想法和意圖」的重要性。杜拉克指出，必須釐清自己的價值，並且對自己進行管理。而為了提升自己的價值，則必須先瞭解自己的工作方式，以及自己處於何種狀況之中。而下一步的重點就在於，思考如何活用自己的長處。

掌握優勢，管理自己

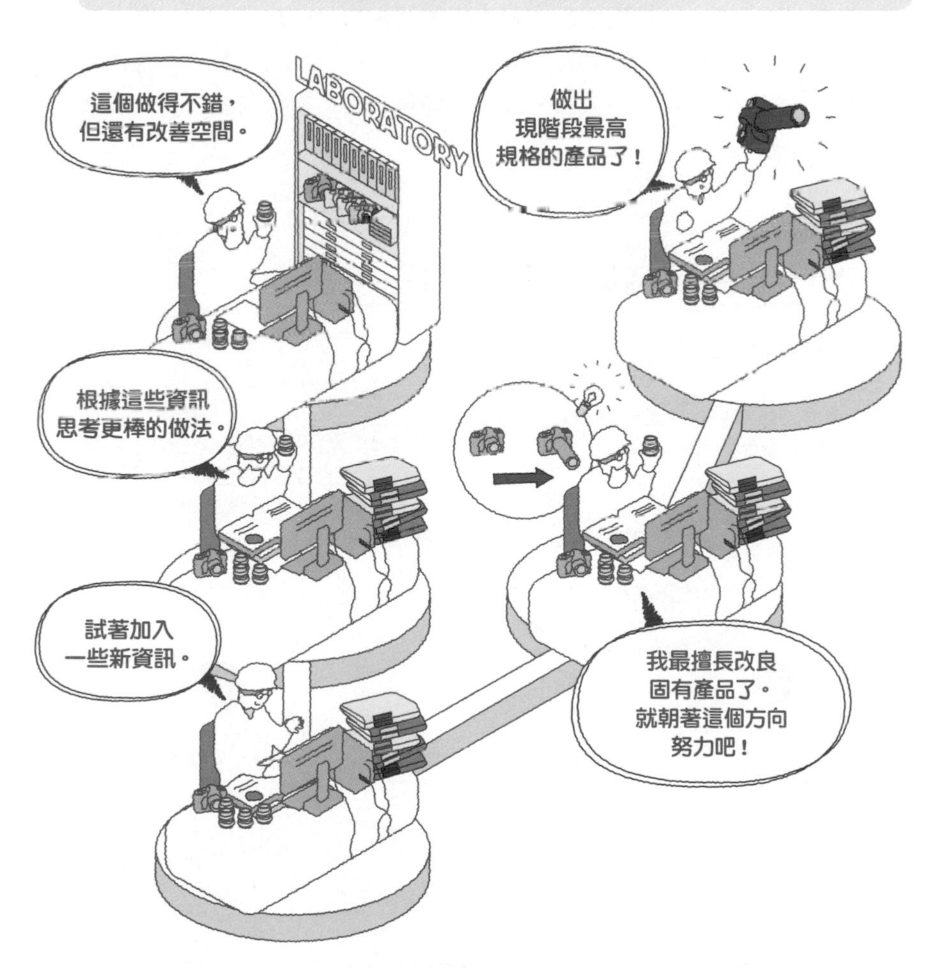

自己進行管理也是一種改善成果的方法。進行自我管理時的關鍵在於，應確實掌握自己的長處，並善加利用這項優勢。

透過回饋分析找出自己的優勢

回饋分析是一種幫助自己瞭解自身優勢的方法。杜拉克也會對自己進行分析。

正如前文中常說的，杜拉克相當重視「善加利用自己的長處」這一點。很多人會說：「可是，我不曉得自己的長處是什麼啊。」對此，杜拉克推薦了一種能讓人瞭解自我優勢的方法，那就是**回饋分析**。進行回饋分析是實踐自我管理的第一步。

回顧結果，分析自己的長處

杜拉克推薦的回饋分析，是一種幫助人們瞭解自身優勢的方法。

回饋分析的第一步是設定具體目標，如「目標〇〇天後要達成〇〇」。不要把設定好的目標留在腦中，而是要把它寫下來。寫下目標能讓目標變得更具體。

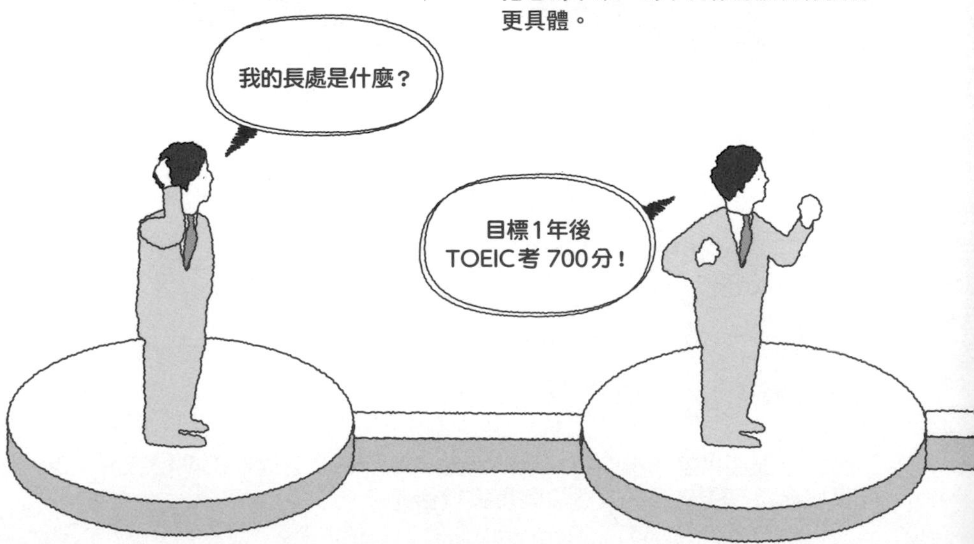

實踐回饋分析時，第一個步驟就是設定目標，例如「我要在一年內考到○○證照」等。而且一定要把目標寫下來。待設定的期限到來時，再拿該目標和實際達成度來做比較，看看達成了什麼，而沒有達成是什麼，並找出理由加以分析，如此一來就能發現一些**連自己都不曾注意到的長處**了。

人在教導別人時的學習效果最好

杜拉克指出：「人在教學時的學習效果最好。」換言之，教學能幫助自己成長。

隨著工作經驗的累積，教導後進或下屬如何工作的機會也不斷增加。其實對「教的人」來說，教導別人也有莫大的好處。**這是因為，為了傳達工作上所需的知識，教導者需要重新整理自己腦海中的知識，並重新確認自己學過的程序**。教學時可說是最佳的學習時刻。

教導別人就可以重新學習

教導別人時，便可以再次確認自己的知識或技術。此外，會將在下意識中做的事情轉換成文字，而模稜兩可的部分也會因此消除。結論是，教導別人，就能讓自己重新學習。

事實上，杜拉克也說過：「在資訊化時代中，任何組織都必須成為**學習組織**。但同時，它們也得成為**教學組織**。」而重要的是，應該要在組織內分享工作中學到的知識和技能，而不是只留給自己。建立一個相互教導的文化，是創建一個成長型組織的關鍵。

重點在於建立一個互相教導的組織

獨占知識或技術，是無法幫助公司取得成果的。組織內應該要打造出適合互相教育、學習知識技術和工作程序的環境。

06 為自己的價值觀感到驕傲

杜拉克指出：「如果工作者的價值觀和組織的價值觀不相符，便無法取得成果。」

一個人加入公司後，隨著資歷的累積，自然就會形成一套自己的價值觀。杜拉克說：「**工作者的價值觀**必須和組織的價值觀一樣，否則就無法在組織內做出成果。」這意味著，當一個人的價值觀與公司的價值觀不一致時，即使他在公司裡成功往上爬，也很難有所作為。

員工價值觀和企業價值觀的關係

杜拉克為自己的價值觀感到驕傲，並以自己的價值觀為優先。因此他說：「工作者的價值觀和組織的價值觀之間，是不可以存在矛盾關係的。」如果員工和企業的價值觀互相衝突，將是非常不幸的狀況。

杜拉克指出「雙方的價值觀不能有衝突」，因此，組織的價值觀和自己的價值觀必須是完全相同的。話雖如此，就現實面來看，自己的價值觀確實有可能與組織的價值觀不同。換工作是一個解決辦法，但你也可以重視自己的想法，然後在組織內找機會活用自己的價值觀。

假如你的價值觀跟公司的不一樣，那麼你也可以換工作，找一間擁有相同價值觀的公司。不過在那之前，應該在目前的公司裡找看看有沒有「能夠活用你的價值觀」的地方。

身在符合價值觀的地方，才能發揮真正的實力

杜拉克說明：「想在工作上做出成績，就應該去尋找符合價值觀的地方。」

有句話叫「適材適所」，意思是一個人的能力和他的職位或地位很相襯。這代表，每個人能發揮實力的地方都不一樣。杜拉克也說：「人必須知道自己的歸屬在哪裡，才會有傑出的表現。」正如同他所說的，我們應該去尋找價值觀跟自己相同的地方，才能讓發揮自己的長處。因為只有在那裡，人才能發揮**真正的實力**，做出最棒的成果。

價值觀相符的場所因人而異

每個人能夠發揮實力的場所都不一樣。重點在於：想要發揮真正的實力，就要待在真正符合自我價值觀的地方。

然而，加入一間公司後，你也不能因為價值觀不合就馬上離職，因為這樣做恐怕是操之過急。原因是，符合自我價值觀的地方可能不在公司外，而是在組織內。組織內有許多不同的職務和團隊，因此也有可能經由職務異動，而找到價值觀相符的地方，並取得巨大的成就。

價值觀相符的場所也有可能藏在組織內

那個符合自我價值觀、能讓自己發揮真正實力的地方，或許是在公司外，抑或許是藏在公司裡。而最重要的就是找到那個地方。

5個步驟做出能取得成果的決策

杜拉克說：「對事物做決定時，有5個理想的步驟。」

在商業領域中，每天都要做出決定。為了提升自己的價值，就必須做出好的決定。不過，「做決策」不能只是對某一問題做出YES或NO的決定，這個決定還得落實到實際層面才行。因此，只要先瞭解一下杜拉克提倡的「**做決策的5個步驟**」，就能做出更準確的判斷。

用5個步驟做出適當的決策

你必須依照5個步驟進行判斷，才能做出理想的決策。在果斷下決定之前，先從釐清問題開始著手。

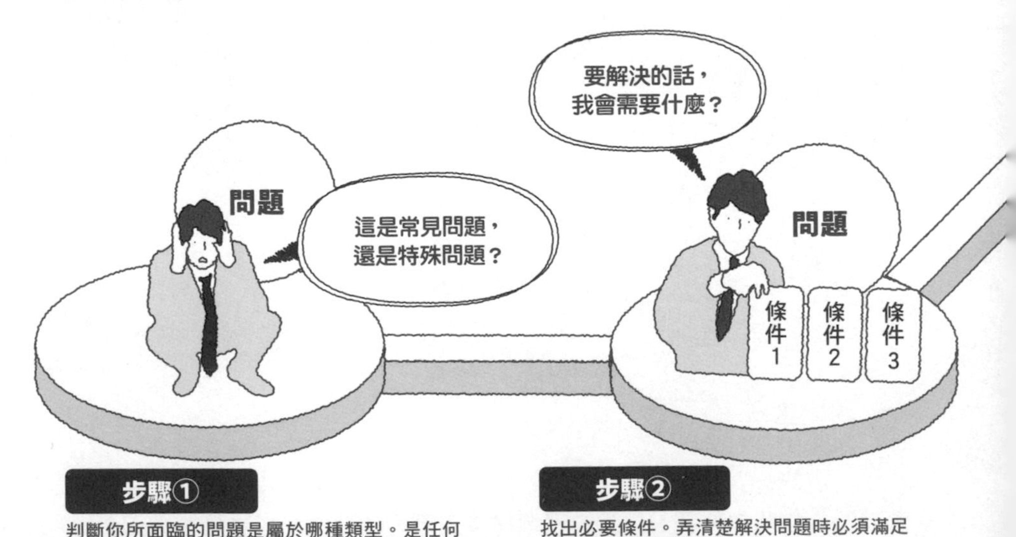

這5個步驟是：①釐清自己面臨的問題屬於哪個種類，②確認解決問題時必備的條件，③思索在這次的決策中，什麼才是正確的，④執行決策，⑤檢查決策是否有誤。**如果出現問題，就回到第一個步驟吧**。

步驟③

思索這次的問題「什麼才是正確的」。很多時候，我們不得不選擇妥協，然而，若不先釐清什麼是正確的選擇，就有可能往錯誤的方向妥協。為了避免這種情形發生，我們必須先搞清楚「什麼是對的」。

步驟④

執行在前幾個步驟中做的決定。請仔細思考需要採取什麼行動，以及需要誰去行動。另外，還要將決策告訴那些「該被告知這個決策的人」。

如果問題仍未解決，就回到步驟1進行修正，並再次執行步驟1〜5。

步驟⑤

不可以執行了之後就不管。執行後必須進行回饋（檢討），檢查前幾個步驟的想法和行動是否無誤。

找到工作之外的歸屬也很重要

杜拉克解釋，找到工作之外的歸屬，對工作也會有加分效果。

將「我全心投入工作，不顧私生活」的態度視為美談，已經是上個世代的事了。事實上，現在重視私人生活的人越來越多。**杜拉克也建議我們，應該在工作之外擁有充實生活**。他解釋：「遇到逆境時，第二人生或第二事業就會有很大的意義，而不再只是單純的興趣。」

公司對你的評價不代表一切

如果你的歸屬和人際關係都局限在公司內或職場上，那麼，當你在工作中感到挫折或困頓時，就無處可逃了。

擁有工作（本業）的同時，也可以從不一樣的生活或副業中，替自己創造公司以外的**歸屬**。這麼做不但能讓心變得更從容，視野也會變得更遼闊。在工作上感到困頓或挫折時，只要在本業之外的活動之中感受到「被人需要」的喜悅，就能找回信心，再度回歸本業。

讓第二人生、第二事業來拯救自己

擁有「第二人生」或「第二事業」，無論是在學校學習、做志工還是從事與本業不同的工作，都能給你一個新的歸屬。在那些地方感受到被人需要的喜悅後，就能重拾工作上的自信。

No. 05

鮮為人知的杜拉克生平⑤

為日本繪畫癡迷，畢生蒐集畫作

杜拉克是一名狂熱的日本繪畫收藏家。

杜拉克第一次接觸到日本繪畫是在他20多歲的時候。當時，他在倫敦的一家銀行工作。有一次，他為了躲雨而踏進某間畫廊，而畫廊內碰巧在舉辦日本畫展。

那次的邂逅，讓杜拉克開始迷戀上日本繪畫，並花了一輩子在研究日本繪畫。

杜拉克所愛的，並不是那些色彩鮮豔的浮世繪。他每次走訪日本時，都會尋找水墨畫、禪畫與人文畫。後來，他還發表了透過日本藝術瞭解日本特質的文章，並且在大學開課教授日本繪畫的相關知識。

他甚至曾用自己的收藏品舉辦了日本畫展。

杜拉克說：「日本畫家看的是空間。他們不會先看線條。這就是日本的審美觀。」杜拉克覺得，日本繪畫的獨特審美觀，跟他的經營哲學有共通之處。

Chapter 5

用語解説

KEYWORDS

KEY WORD

經營者

為自己的工作做決策，並為此貢獻負起責任的人。這不只是指企業中的重要幹部和高級主管，還包含了所有的知識工作者。杜拉克說，每一個背負著目標、標準和貢獻等任務的知識工作者，都必須成為經營者。

KEY WORD

有助於提升績效的5個習慣

杜拉克說，有5個有助於取得成果的習慣。這5個習慣分別是：①有系統地使用時間。②注意他人對自己有何期望。③善用優勢。④先做重要的事，並專心處理。⑤做有效的決策。

KEY WORD

知識工作者

知識工作者只有在按照組織的目標，使其他人能夠使用他們的成果時，才算是做出了貢獻。知識工作者除了指專家、研究人員之外，也包含了管理者。公司是依貢獻度來評價他們，而不是依工作量或成本來評價。

KEY WORD

回饋分析

客觀判斷自己的有效手段。杜拉克指出：先設立具體目標並加以執行，等期限到了，再檢視自己是否達成目標，並對此進行分析，如此一來就會明白自己的優缺點在哪裡。

Chapter

6

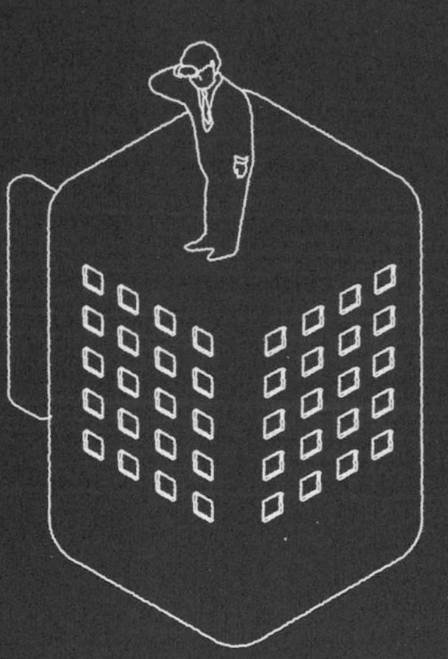

向杜拉克學習企業策略

世界上有這麼多企業，它們都是用什麼策略來賺取利潤呢？杜拉克研究了許多企業的策略，並將之系統化。本章中介紹的，正是現代商務人士需要瞭解的一些生存競爭策略。

01 目標成為業界頂尖：孤注一擲策略

杜拉克說：「市場法有4種策略。」
其中風險最大的策略是孤注一擲。

孤注一擲策略是指從一開始就瞄準市場頂端的戰略。此策略需使用企業的全力來開發新商品，並進行大力宣傳，席捲整個市場。只要成功，就能成為業界中的代表性企業，因此這個策略常被稱作「最棒的企業家策略」。不過，**要守住這個地位並不容易，因為必定會出現試圖奪取此位的挑戰者**。

目標站上業界頂點

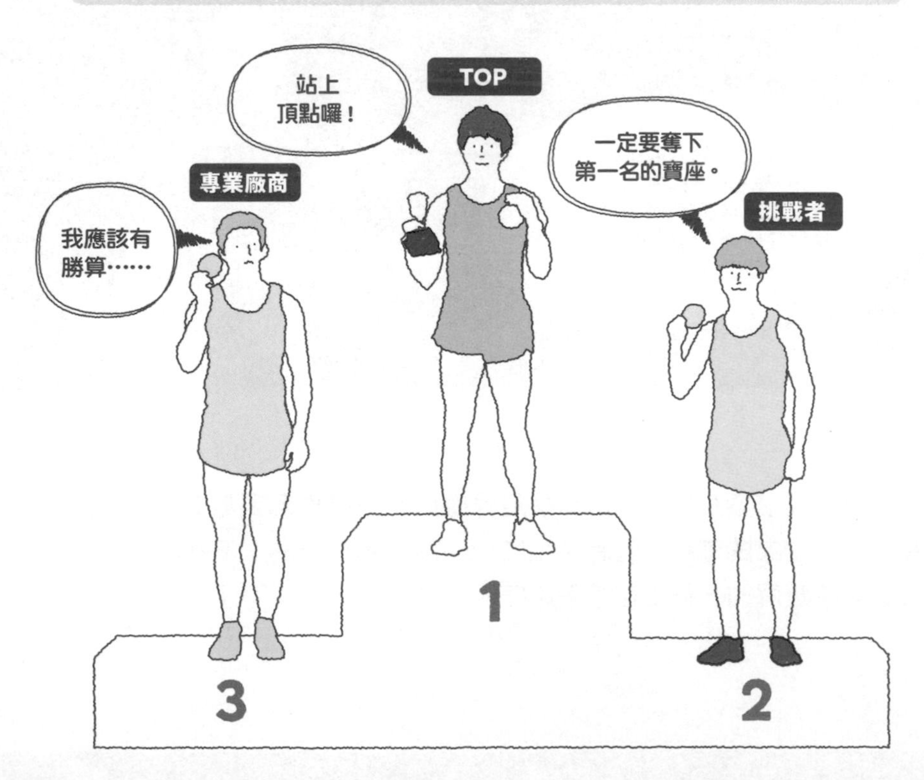

很多時候，**之所以會跌落神壇，都是緊抓著「站上頂點」的成功經驗不放所導致**。想繼續當龍頭企業，就得做好捨棄成功經驗的覺悟，持續對事業進行徹底分析和思考。而接下來，如果不努力改進每道程序，有計畫地降低價格，那就很難繼續保持在業界的頂端。

放棄成功經驗以保持領先

02 換個方式仿效其他公司的成功：創造性模仿策略

創造性模仿策略主要是攻擊別人的弱點，因此杜拉克亦稱之為「游擊策略」。

任何一個新產品在剛推出時，都不曾接受過顧客的評價，因此具有很大的改善空間。杜拉克將「改善新商品，使其變得更好」的策略，稱作「**創造性模仿策略**」。「模仿」這一點跟柔道策略一樣，而不同的是，創造性模仿策略是藉由改善其他公司的成功之處，來創造出更具競爭優勢的事業。

其他公司的商品就是改善的靈感來源

許多研究開發型的企業都有「擁有技術，卻無法將其變成商品」或「有辦法商品化，卻沒辦法販售」的問題。**那些缺乏創造力卻擅長改善的企業，或是那些善於回應顧客需求的企業，就很適合採用創造性模仿策略**。這種策略只需要觀察市場、上網搜尋、負擔一點律師費和發揮一些創意，就能輕鬆換取巨大的成果。

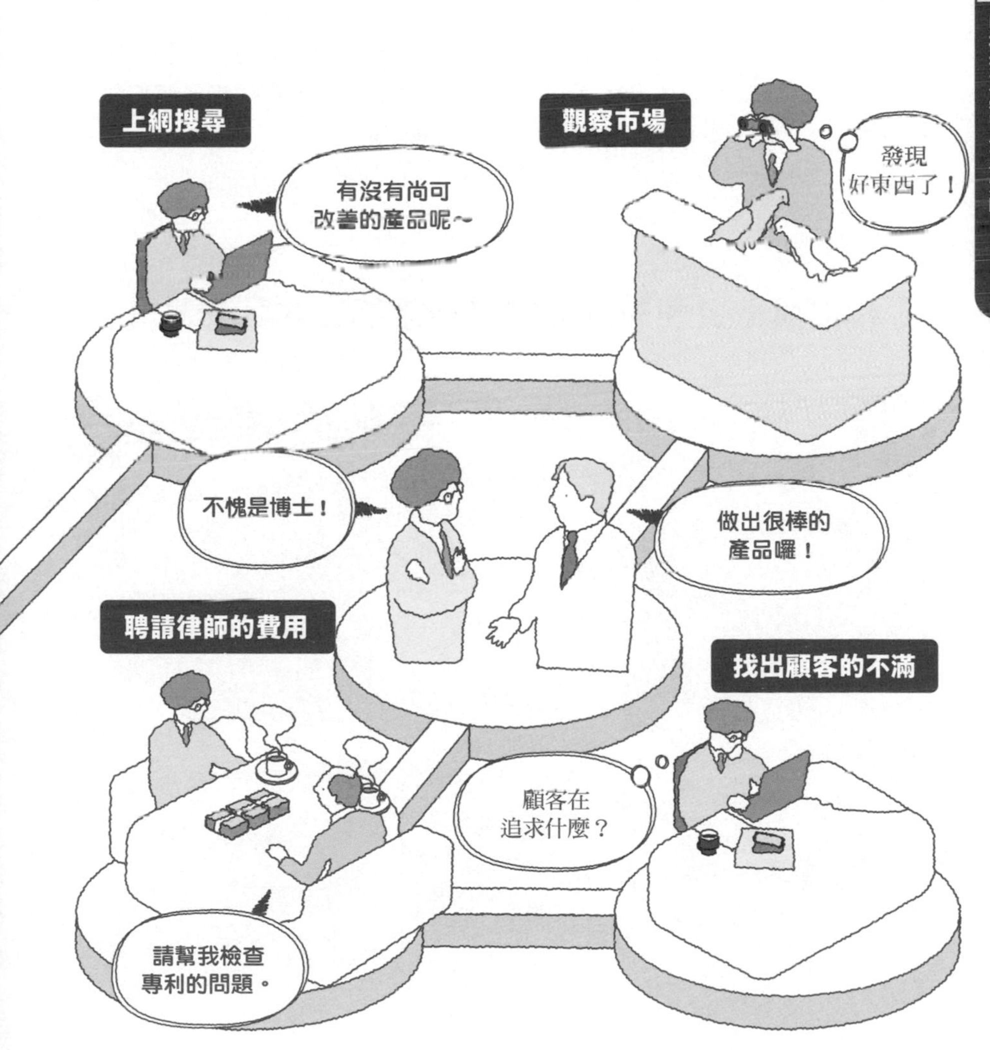

活用其他公司的失敗：柔道策略

如果說創造性模仿是模仿其他公司的成功，並加以改變，那麼柔道策略就是透過模仿失敗並加以改變。

手錶中的石英是瑞士開發的。電晶體則是由美國的貝爾實驗室開發的。但是，人們都以「時機未到」為由，對石英和電晶體置之不理。**而此時抓住機會的公司，正是精工（SEIKO）和索尼（SONY）**。這兩間公司利用了其他公司的力量，讓自己成為全球鐘錶業和攜帶型收音機領域的龍頭。

模仿其他公司失敗或置之不理的服務和產品

在影印業界，富士全錄公司（FUJI XEROX）曾稱霸全球的影印機市場，同時，他們也致力於開發出更高機能、多功能、高單價的新產品。然而，隨著影印機市場的成長，低機能、單一功能、低單價的市場開始出現供不應求的狀況。於是，**佳能（Canon）和其他日本企業便利用了這一點**，讓他們幾乎不需競爭就取得其他公司開發的市場。他們的這種做法也屬於**柔道策略**的一種。

營造非競爭狀態：生態性利基策略

**杜拉克的這個利基策略叫做生態性利基策略。
其做法是仿效動植物迴避競爭，在適合的地方生存。**

相對於講求效率的大型企業，中小企業能夠發揮優勢的地方，就在於重視效果但規模較小的市場。效率和效果到底哪裡不一樣呢？舉例來說，假設超市裡一盒雞蛋的售價大約是80～100圓。大部分的顧客都希望能以低價購入，但還是有人願意花300圓買一盒更好吃的蛋。

迴避競爭，在適合的地方生存：利基策略

模仿只吃尤加利葉的無尾熊，棲息在無須競爭的環境中。這種做法就叫利基策略。

追隨其他公司進入激烈的市場後，若沒辦法取得一定的市場占有率，那就只會把自己搞得精疲力盡。中小企業追隨大企業，就會因為財力差距過大而沒有勝算。因此，不如像前文中雞蛋的例子那樣，選擇不與巨頭競爭的策略，而這就是杜拉克所說的**利基策略**。利基策略可說是和孤注一擲策略完全相反，是最適合中小企業的策略。

追求效果，而非效率

「講效率不如講效果」是利基策略的重點。

將特定市場的知識化為武器：專門市場策略

專門市場策略就是銷售專業知識。
杜拉克說，此策略的關鍵在於「決定事業領域」。

「**專門市場策略**」屬於利基策略的一種。其特點是成為熟知目標市場的專家，並以特定市場的相關知識作為武器。而重要的是，這需要非常熟悉該市場的一切，而不能只是通曉「某個」特定的事物。作為市場專家的優勢在於，可以為客戶（企業）提供諮詢服務，而不是提供一般資訊。

成為某個市場的專家

此外，因為是專家，所以當特定市場出現變化時，就可以分析、探討「需要什麼來應對變化」，然後提供人們需要的服務、產品或制度。**此策略的關鍵在於「以什麼作為專門市場」**。人可以透過經驗和系統化學習來獲取知識，但是，不選定一個「市場（＝專業領域）」的話，該學的東西就會越來越多。

決定你的專業領域

專門市場策略需要的是窄而深的專精知識。

以顧客的價值為基準：價值創造策略

杜拉克說明，以顧客價值為基準的銷售手法也是一種重要的策略。

「**價值創造策略**」不是銷售產品，而是把「購買產品的好處」當作產品來銷售。換句話說就是**從顧客的角度來重新定義實體商品**。比方說，如果批發商被定義成「零售商的採購代理商」，就很難獲得20％以上的毛利。不過，如果定義成「商品的企劃提案商」，就可以用更高的價格出售商品。

專門做價值提案的企業

若能提出商品以外的價值，或許就能獲取更高的利潤。

以具體的例子來說，醋作為調味料大多只能賣一、兩百圓，但是作為「有益健康的醋」，價格超過千圓也不足為奇。明明成分上沒什麼差異，為何會產生如此大的價格差異呢？這就是因為，商品的價值已經從「調味料」變成「健康食品」了。因為他們銷售的是「健康」，而不是「醋」，所以那些健康因此得到助益的客人，就會成為回頭客，並且替商品累積口碑。

迎合顧客價值的銷售方式

改變價格的意義：定價策略

由生產者替顧客減輕負擔，讓顧客可以維持原有的資金量。這就是杜拉克所說的定價策略。

杜拉克曾以影印服務的例子來為**定價策略**做說明。現今，每間辦公室裡必然都有一台影印機，而讓它成為「再普通不過的景象」的公司，正是影印機製造商富士全錄公司（FUJI XEROX）。全錄不是用「銷售影印機」的方式來使影印機普及化，而是把焦點放在「影印」的服務上。

改變了定價的意義的影印機

影印機本身非常昂貴，但如果只是販售「影印1次」的服務，就可以設定較低的價格。全錄**以印1張5美分的價格出售影印服務**，成功讓影印機進駐每一間辦公室。換句話說，這是一種從商品變成服務的創新做法。而另一個重點是，印1張只需5美分的話，就可以用雜費來支出了。

08 將顧客考量的事情化為策略：顧客導向策略

杜拉克認為，瞭解顧客購買商品的理由也很重要，他還指出，應以「配合顧客的需求」作為優先考量。

提供能夠幫顧客消除困擾的商品或服務——杜拉克將這種策略稱作**顧客導向策略**。比方說，某個顧客的困擾是：「我只需要1顆螺絲用於開發和研究。雖然一包100顆裝的單價比較便宜，但是會浪費99顆。」而對應這個煩惱的就是「我們接受少量訂單，滿1顆即可購買」。顧客會覺得，既然都用不到其他99顆了，那麼多花一點錢單買1顆螺絲也無妨。

瞭解顧客的困擾

另一個例子是，某間模具製造商接受24小時的急單。雖然會根據交期調整收費，卻可以應付急件或超急件的訂單，創造了一個能夠滿足顧客「希望越快越好」之需求的系統。而這也是和中國競爭的對策之一，因為靠價格競爭是贏不了中國的。**顧客導向策略的重點在於，把效果擺在效率之上，並100%配合客戶的需求（考量）**。

將其他公司辦不到的事視為機會

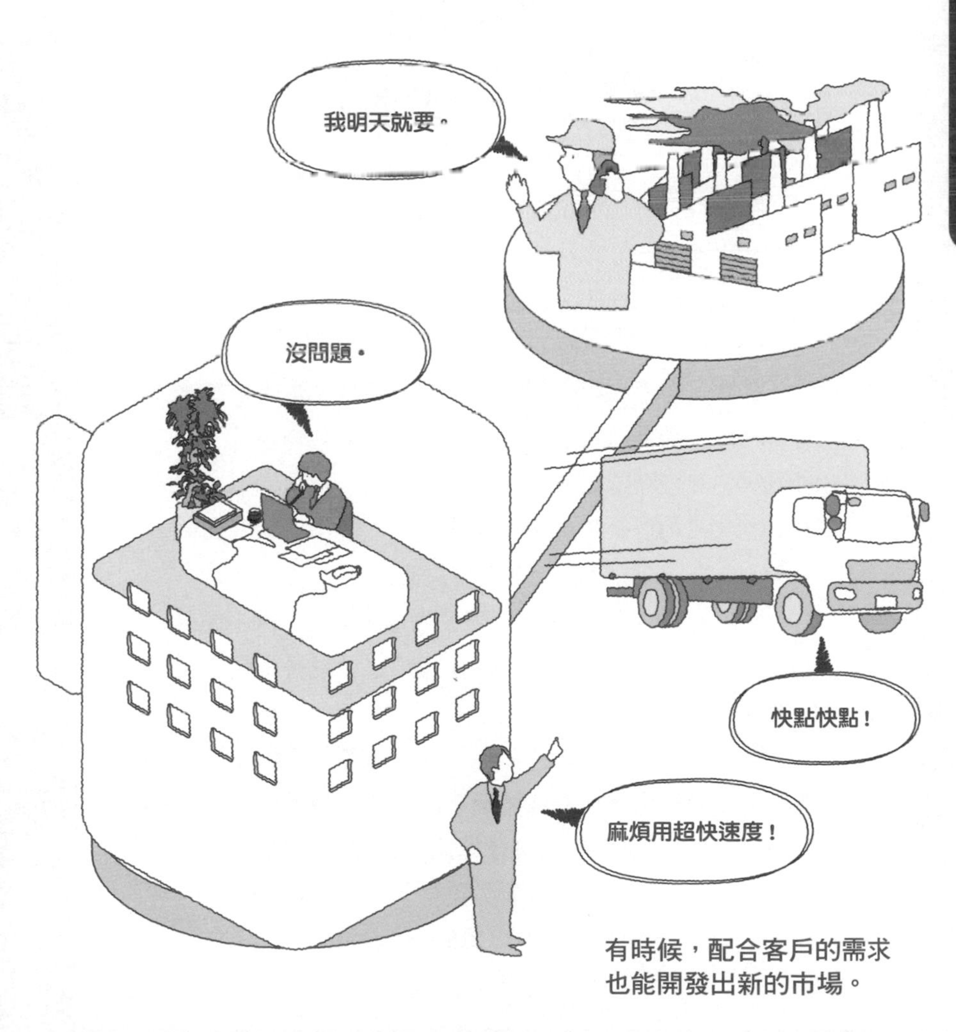

有時候，配合客戶的需求
也能開發出新的市場。

No. 06

鮮為人知的杜拉克生平⑥

攜手60年的愛妻朵莉絲

杜拉克是一個非常愛妻子的人，就像他說的：「此生最大的幸福就是遇見她（妻子・朵莉絲）。」

杜拉克在德國的大學裡認識了朵莉絲，然後在英國與她重逢。

那是一場令人印象深刻的邂逅。當時，兩人都在地鐵站內長長的手扶梯上。杜拉克往上，朵莉絲往下，而他們就在交錯時認出了彼此。朵莉絲在大學裡學習了法律、經濟和物理學，然後在倫敦找到一份市場調查員的工作，之後還成立了自己的市場調查公司。

杜拉克27歲那一年，也就是重逢4年後，兩人便結了婚，並搬到美國居住。前往美國的旅行就是他們的蜜月旅行。

兩人在婚後育有4名子女。朵莉絲在養育孩子的同時，也在大型出版社擔任科學雜誌編輯和專利師。婚後60年多來，朵莉絲一直在杜拉克身旁支持著他。1996年，朵莉絲將自己發明的東西商品化，並參與管理。

2014年，朵莉絲以103歲的高齡去世。

KEY WORD

孤注一擲策略

創造新產業、新市場或新系統的策略，且一開始就以「成為業界龍頭」或「取得市場支配地位」為目標。一旦成功就能獲取巨大成果，但另一方面，這也是個不容許失敗的策略。雖然此策略被譽為最棒的企業家策略，但杜拉克並不推薦。

KEY WORD

創造性模仿策略

模仿他人做過的事，並加以改良，創造出更好的東西，並以爭取市場支配地位為目標。由於已經有需求和市場，因此較容易透過市場調查來掌握顧客需求。不僅如此，這還是一種低風險策略。

KEY WORD

利基策略

通常是指見縫（利基）插針的策略，但杜拉克所說的利基策略是指生態性利基策略，也就是「仿效動植物迴避競爭，去尋找適合自己生存的地方」的做法。瞄準小眾市場就不會有大企業跑來參一腳，如此一來便能開創有利可圖的事業。

KEY WORD

價值創造策略

重新定義商品並提出新的價值，以取得市場和顧客。比方說，假設作為食材來販售的蜆，100g大約是100圓左右，但作為顧肝保健食品來販售的蜆，卻能創造出無法用克數來衡量的價值。

KEY WORD

顧客導向策略

企業配合客戶的情況與需求，來提供商品或服務，以贏得市場和客戶。一個很好的例子就是，為了迎合顧客「不管是半夜還是清晨，都想買東西」的生活需求，所以出現了24小時營業的便利商店。

Chapter 7

如何創新

只要有其他更好的選擇出現，不管產品、服務再怎麼好，仍會被時代淘汰，因此必須持續改良與革新（創新）。那麼，該怎麼做才能創新呢？關於這一點，杜拉克也會告訴我們。

善加利用意料外的成功

杜拉克說，最簡單，同時也是最接近成功的創新形式，就是「意外的成功」。

意外的成功是突如其來的。實際上，商業的世界中不乏這樣的例子：被董事會議評為「肯定賣不好」的東西，卻意外成為超人氣熱賣商品。不過，花朵並不會突然綻放。在花開之前，必定會出現某些徵兆。因此人們也說，追求意外的成功，就跟尋找花蕾一樣。

偶爾也會有意外的成功

一個商品即使被公司斷定為「賣不出去」，也有機會被市場接受。大金工業的「URURU SARARA」冷氣就是一個著名的意外成功。

如果讓預期外的成功順其自然地結束，那麼人和企業就不會成長。杜拉克指出，重要的是「**建立一個必定會關注意外成功的系統**」。意料外的成功也是經營環境出現變化的徵兆，因此要分析「這是什麼的預兆」。此外，意外的成功也代表市場需求產生變化，或是出現了新的需求。

當事情發展與預期相反，就是機會來臨之時！

02 善加利用意料外的失敗

杜拉克指出，就像「意外的成功」一樣，「意外的失敗」也是一個創新的機會。

「**意外的失敗**」指的是意料外的業績不振、成本大增、顧客投訴等失敗。當一個經過慎重計畫、開發和銷售的產品失敗時，我們就可以從中找到來自市場的重要訊息。也就是說，**當初誤判了市場需求**。要是覺得「只要改變做法，就會順利許多」，就會讓自己陷入泥沼。

意外的失敗是來自市場的訊息

這代表，「市場在尋求這個」的判斷是錯的。

杜拉克說，發生預期外的失敗時，一定要將其視為創造新價值（創新）的前兆。此時最重要的是，**要虛心接受「市場的需求已經改變了」的事實，並以謙遜的態度修正前進方向**。市場剛開始變化時，並不會表現在數據或消費者的行動上。因此關鍵就在於，要前往現場實地勘查，並仔細觀察、聆聽。

實地瞭解市場變化！

不前往現場，就無法得知市場變化。另一個重點是，即使失敗了，也要用謙虛的態度去修正努力方向。

對常識和成見抱持疑問

杜拉克認為「4個不一致」與「意外的成功和失敗」一樣，也是屬於較容易實現創新的機會。

如果公司的業績並不差，卻一直表現得普普通通，那就有可能是產生了杜拉克所說的「不一致（落差）」。這是「做法」和「市場的實際狀態」之間的落差，也是「對事業的期許」和「事業的實際情況」之間的落差。這些差異可分成4種類型：「需求與業績」、「現實以及對現實的認知」、「企業與消費者的價值觀」、「程序」。這就是**4個不一致**。

停滯不前＝4個不一致

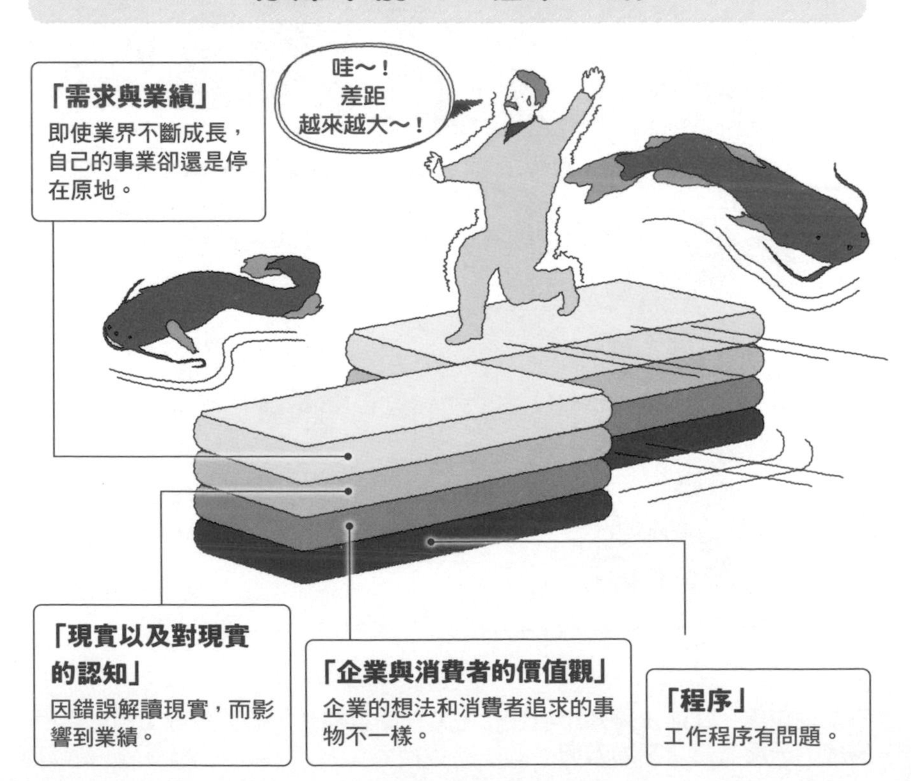

如果說，業界正在成長，而自己公司的業績卻沒有跟著成長，那就是「需求與業績」的不一致。遇到這種情形，應該要檢查銷售時機、銷售對象、銷售方式有沒有問題。「現實以及對現實的認知」不一致，就是誤解現實，做了錯誤的努力。業界的常識和成見會阻礙商業機會。先質疑常識，再來思考需要改進的地方吧。

改進＝質疑常識和成見

有時候，因為前提條件的改變，會使得以前管用的做法變成不再管用。

04 消除傲慢與獨斷

不應該對消費者做出錯誤的臆測，正如杜拉克所說的：「在價值觀落差的背後，必定有傲慢和死板。」

企業和消費者之間的「**價值觀不一致**」，是由企業的臆測「消費者應該會這樣想」所引起。**無論向市場推出多少產品，只要不符合消費者的價值觀，就不會有利潤**。比方說，若是「手機當然是功能越多越好」的成見太過強烈，就無法察覺那些不擅長使用機器的人的價值觀了，例如：「手機只要能打電話就夠了。」

不符合消費者的價值觀

並不是說擁有多功能、高性能就一定賣得好。企業也得迎合消費者的價值觀才行。

「**程序不一致**」也是一個問題。這是指，提供的商品或服務並不差，卻因為程序不好，導致業績無法成長。這種情況也有可能是銷售方法錯誤，導致商品無法到達真正需要的人手上。換句話說就是「傳遞方式、提供方式」的程序有問題。遇到這種情況時，只要修正程序，就能實現創新。

程序不良，業績就不會成長

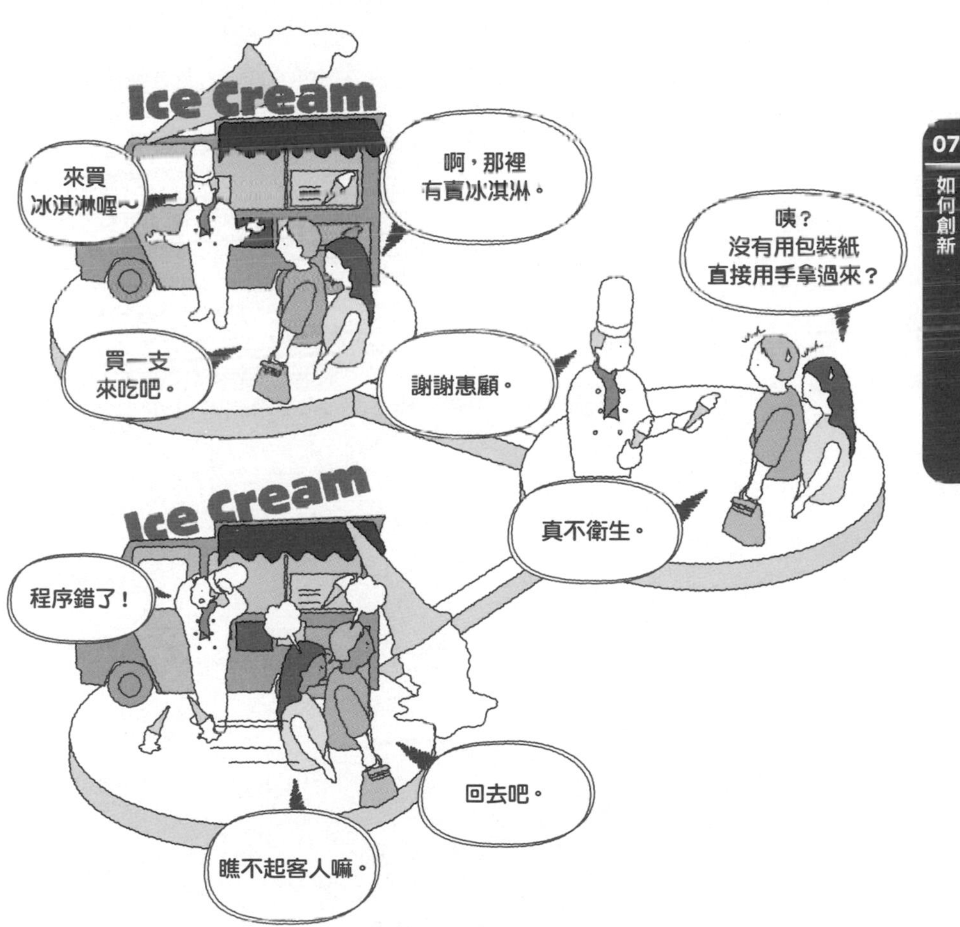

市場有需求，商品卻賣不出去——這有可能是銷售方式出了問題。請試著懷疑一下程序是否有不合宜的地方。

找出3種需求

杜拉克說：「需求必須是具體的。」
找到需求才能創新。

注意到「尚未被滿足的東西」或「欠缺的東西」，正是引發創新的契機。需求指的是，對「不存在的東西」的期望。由於看不見，所以很難發現，而要找到有助於改善事業的需求，更是難上加難。杜拉克指出，有**3種需求**可以帶來創新：①程序需求，②勞力需求，③知識需求。

沒有的東西，即是需求

①程序需求指的是，表面上看似沒問題，但是在程序上，如利用方式、購買方式，卻沒有滿足消費者的潛在期望。②勞力需求是指，要透過改造勞動結構，來消除與市場的差距，以滿足需求。③知識需求指的是「需要知識，卻缺乏知識」的狀態。

修正方向以滿足需求

06 產生創新的5個著眼點

改善工序中生產率不佳的部分，也可以引發創新。杜拉克的5個前提可以幫助我們察覺問題。

面對程序需求時，有時只需改變做法，就能換來成功。杜拉克指出，要有**5個前提**，才能把需求與創新連結起來。①必須是一個完整的程序。②只有1個缺失或缺陷。③改革的目的必須明確。④明確知道需要什麼來實現目的。⑤社會必須有「應該還有更好的辦法」的意識。

光是改變做法就能成功

5個疑問

①程序本身正不正確？　②有無問題或不足之處？
③改革的目的是否明確？　④實現目的所需的東西是否明確？
⑤社會有無「應該有更好的方法」的意識？

透過回應程序需求而開闢了新市場的一個好例子，就是深夜也能到府收件的送洗服務業。在過去，單身的上班族平日沒時間去洗衣店，因此沒什麼機會利用洗衣服務。但是收件程序改成深夜也能到府收件之後，就成功掌握單身上班族的潛在需求了。

利用5個前提來找出問題點！

07 不要錯過變化的時機

產業結構可以在任何時候出現變化。
杜拉克說：「結構變化為在局外的人提供了機會。」

即使是穩定的產業，其產業結構也會發生重大變化。**CD就是一個例子。音樂串流服務的出現，讓銷售CD的產業受到巨大打擊**。杜拉克認為，**產業結構變化**發生在：①一個產業快速增長，規模翻倍時，②多種技術結合時，③工作方式出現巨大改變時。

產業結構很容易解體

音樂串流服務的成長，重創了CD的銷售量。

長年在某個產業裡工作的人會覺得，「業界」看似很穩定，但其實，產業和市場不可能永久不變。就像音樂產業的例子那樣，當產業結構改變帶來新需求時，優先掌握新需求的企業就能獲勝。換句話說，不要錯過產業結構變化的時機，就能抓住機會。

產業結構變化＝商機

假如對產業結構變化很敏感，就有機會抓住巨大商機。

年齡結構改變是創新的好機會

正如同杜拉克所說的「在人口結構當中，以年齡結構變化最為重要」，人口結構的變化是絕佳的創新機會。

發生在市場之外的變化也可以為創新提供機會。當需求結構本身發生變化時，就會產生這種情形。杜拉克指出了外部環境的3種變化：①人口結構變化，②社會對事物的認知變化，③新知識的出現。其中①不僅是指人口增減，也指年齡、性別結構，以及就業狀況、教育水準、薪資水準等各方面的變化。

年齡結構改變就是商機！

人口結構一變，「最需要的東西」也會跟著改變。而且，人口結構變化不只容易預測，還會在可預期的時期內發生。在人口結構的各種變化之中，**最應該被關注的就是年齡結構變化**。許多先進國家都有高齡少子化的趨勢，只要提早做準備，如雇用高齡者、生產線機械化（應用機器人、物聯網）等，就能搶在其他公司之前取得市場占有率。

探索需要的東西

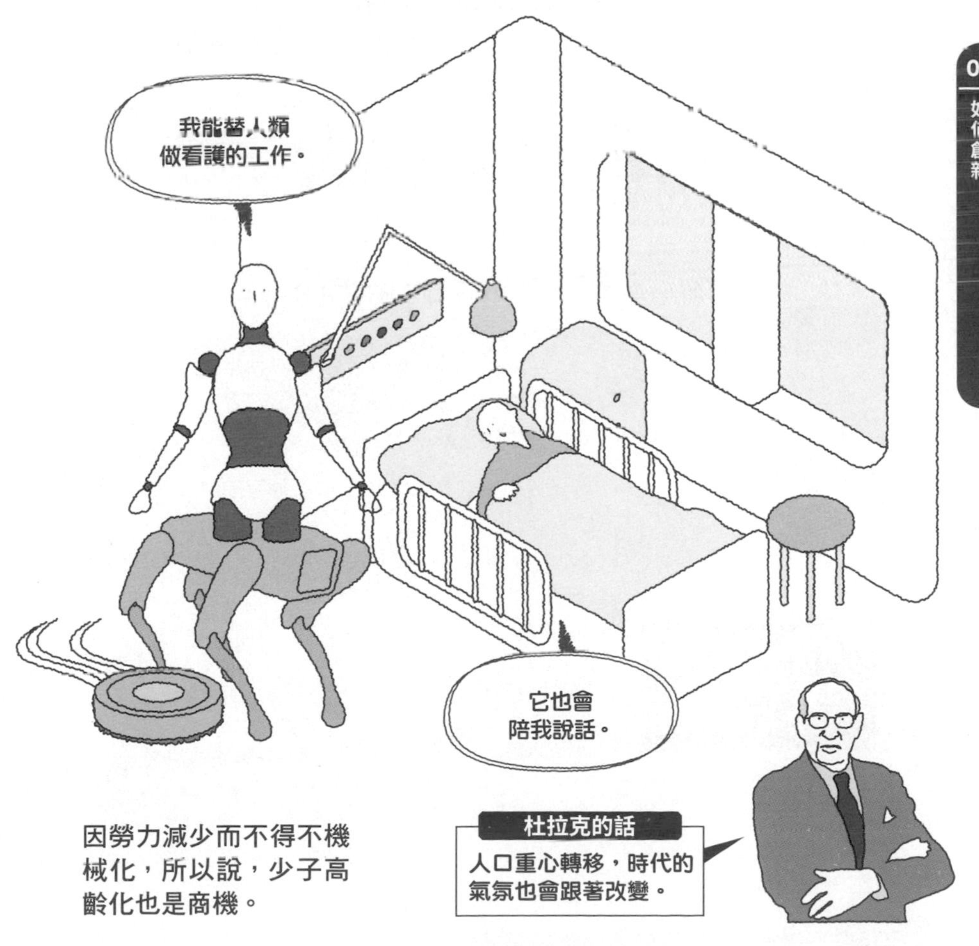

因勞力減少而不得不機械化，所以說，少子高齡化也是商機。

杜拉克的話

人口重心轉移，時代的氣氛也會跟著改變。

改變看法後，需求也會有所改變

世人的認知（看法）改變時，就是產生創新的絕佳機會。

一旦看法不同，看到的意義也會截然不同。好比半杯水可以被解讀成「還有半杯」，也可以被解讀成「只有半杯」。**杜拉克解釋，當世人的認知從「還有半杯水」變成「只有半杯水」時，就是創新的機會來臨時**。過去的日本，人們認為「水和安全是免費的」，但隨著「即使花錢也要買更好的東西」的人口增加，礦泉水市場也誕生了。

「只有半杯」創造了機會

注意到認知變化，就等於是注意到商機。

認知變化意味著新需求的誕生。但是，這種認知上的改變可能是暫時性的，也有可能是局部地區的變化。因此，我們幾乎無法預測，立即針對此需求開創的事業會換來什麼結果。利用認知變化來創新、開創新事業時，關鍵就在於為失敗做好準備、搶先行動、從小規模做起和限定範圍。

做生意要搶先行動

做生意的關鍵在於時機。你必須要有接受挑戰的勇氣。

10 利用新知識來激發創新

杜拉克指出：「由知識產生的創新，
是最需要管理的一種。」

從**新知**中誕生的創新最接近「創新」一詞帶給人的印象，例如：利用新科技開發新產品等。杜拉克指出，想透過新知識來激發創新，就必須滿足下列3個條件：①縝密分析，②有計畫地進入市場，③經營者的領導。

需要許多時間、資金、人才

從新知中誕生的創新

透過新知識進行創新，並非一朝一夕就能完成的事。例如，新型冠狀病毒的疫苗需要時間開發，而且要跟許多製藥公司競爭。此外，經營者還面臨著各種挑戰，好比缺乏開發研究資金或人才不足等問題。**人們或許覺得，「以新知激發創新」是最典型的模式，但其實，這是最難實現的一種**。

創新並不簡單

創新不僅僅是來自於想法

想法（idea）是一把雙刃劍。杜拉克警告我們：「沒有人知道會成功，還是失敗。」

創新往往來自一個好的**想法**、點子。若能利用想法開創新事業，那麼獲得的利潤將無法估計。但是，由構想中誕生的創新，並不是一種「企業可以有系統地創造」的東西。杜拉克也指出，即使根據構想來開發商品，成功機率也不高，而且只能回收極少的投資成本，如開發費用等。

只仰賴一個想法是很危險的……

即使根據構想來開發商品，成功機率也不高。然而，如果一直不產生新想法，事業就無法維持下去。

想法是直觀的。不管是什麼事業，都有機會將靈感化為風靡全球的事物。舉例來說，上衣的拉鍊比鈕扣還要晚問世。儘管鈕扣已經滿足了需求，拉鍊還是誕生了。而這個想法就是**學不了，也教不了的偉大靈感**。因此，不可以輕忽了那些靈光一閃。

有想法是很棒的

07 如何創新

No. 07

鮮為人知的杜拉克生平⑦

一位樂於教授、多才多藝的作家

杜拉克從小就喜歡閱讀和寫作，而且聰明的程度足以讓他跳級，提早1年念完小學。

杜拉克會德文、英文、法文和西班牙文，並以教導他人為樂。他認為，在教導他人時，會比被教導時學到更多。

杜拉克的目標是不斷學習、改進。每隔2～3年，他就會找一個新主題慢慢研究、學習。

杜拉克寫了無數本書。他在30歲時出版了第一本著作《經濟人的末日》，之後又陸續寫了許多書，不僅有管理學、經濟學，還有歷史、文學、美術等各方面的著作，甚至在1982年出版了第一部小說《最後的美好世界》。

杜拉克曾在回顧自己的人生後，稱自己是「The Happiest man（最幸福的男人）」。

Chapter 7

用語解說 KEYWORDS

KEY WORD

意外的成功

預期之外的成功。「意外的成功」在所有創新之中，是最接近成功的一種。只不過，意外的成功即是需求的變化，以及新需求的出現。若怠忽分析，或執著於一種做法，便無法抓住下次的成功。

KEY WORD

意外的失敗

預期之外的失敗。有時候，意外的失敗是由「顧客的認知或價值觀改變」所引起。杜拉克亦指出，意外的失敗是機會來臨和創新的徵兆。

KEY WORD

激發創新的5個著眼點

連結起需求與創新的5個著眼點。①必須是一個完整的程序。②只有1個缺失或缺陷。③改革的目的必須明確。④明確知道需要什麼來實現目的。⑤社會必須有「應該還有更好的辦法」的意識。

KEY WORD

年齡結構的變化

讓創新化為可能的必要變化之一。以日本為例，在少子高齡化的趨勢下，因年齡結構改變而產生了種種創新。看護機器人、無障礙建築、專為老人提供的送餐服務等，都是很顯著的例子。

杜拉克年表

西元	事蹟
1909年	11月19日生於奧地利．維也納。
1914年	Schwarzwald國小入學。
1918年	轉學到私立國小。接受畢生恩師艾莎的教導。
1923年	參加社會主義的示威。雖然是帶頭的，但中途就退出，並且意識到自己是一名旁觀者。
1927年	在漢堡的一家貿易公司工作。同時進入了漢堡大學法學院。
1929年	開始在法蘭克福的一家美國投資銀行擔任證券分析員。插班轉入法蘭克福大學法學院。爆發經濟大蕭條。紐約股市崩盤，使他失去工作。同時，他也在財經報社擔任新聞記者。
1931年	一面工作，一面在法蘭克福大學擔任助手，並取得國際公法博士學位。與未來的妻子朵莉絲相遇。
1932年	對希特勒進行了多次採訪。
1933年	搬到倫敦，與朵莉絲重逢。不再當證券分析師，改在銀行擔任資深合夥人助理。
1937年	和朵莉絲結婚、一起搬到美國。擔任英國報社的美國特派員。
1939年	發行第一本著作《經濟人的末日》。
1942年	成為佛蒙特州本寧頓大學的教授。出版《工業人的未來》。
1943年	接受通用汽車的委託，開始對經營管理進行長達18個月的調查，並將調查結果寫成《企業的概念》，於1946年發行。
1950年	出版《新社會》。
1954年	出版《管理實踐》。開始被人稱作管理學之父。
1957年	出版《明日的里程碑》。
1959年	首度前往日本。開始蒐集日本的古董藝術品。
1964年	出版《成效管理》。
1966年	出版《卓有成效的管理者》。

1969年	出版《不連續的時代》。
1971年	赴克萊蒙特研究大學任教。
1973年	發行管理學的集大成之作《管理：使命、責任、實務》。
1976年	出版《看不見的革命》。
1977年	出版《杜拉克管理個案全集》。
1979年	出版自傳《旁觀者》。開始在克萊蒙特研究大學教日本繪畫，為期5年。
1980年	出版《動盪時代中的管理》。
1982年	出版《變動中的管理界》和第一本小說《最後的美好世界》。
1985年	出版全球第一本將創新系統化的管理學書籍《創新與創業精神》。
1986年	出版《管理的前沿》。
1989年	出版《新現實》。
1990年	出版《非營利組織的管理》。
1992年	出版《管理未來》。
1993年	出版《後資本主義社會》、《生態遠景》。
1995年	發行杜拉克與中內功的通信集：《挑戰的時代》和《再造的時刻》。另外還有《巨變時代的管理》。
1999年	出版《21世紀的管理挑戰》。
2000年	出版日本特有系列（《初識杜拉克》系列）：《專業人員的條件》、《技術專家的條件》、《創新的條件》、《變革型領導者的條件》。
2002年	出版《下一個社會的管理》。獲頒象徵美國公民最高榮譽的「總統自由勳章」。
2005年	在「日本經濟新聞」上連載《我的履歷——活在20世紀》。11月11日於克萊蒙特的家中逝世（95歲）。

結語

建立一個讓普通人得以更加活躍的社會

各位讀完《管理大師的商業策略 超圖解杜拉克》之後，覺得如何呢？

有些人聽到「管理」或「領導力」時，就會覺得自己需要一些特殊能力，並期盼著藉由閱讀本書來習得那些能力。杜拉克則否定了這種想法。他解釋，建立一個讓普通人也能表現得更好的社會，才是最理想的結果。

杜拉克小時候學過鋼琴，但當時的收穫，就只有養成了「日積月累的努力」和「做到底」的習慣而已。唯有不斷地練習，才能彈好一首曲子。

其實不只是彈鋼琴而已。無論你想要取得任何成果，都跟你的能力或知識無關。相反地，自主做好該處理的事情才是重點。

我想，大部分的讀者都有自己的職業，而往後在工作的時候，或許也會遇到一些拿不出預期成果、無法發揮領導力的狀況。但是，永遠不要放棄。當你遇到失敗或挫折，而開始想著「都是因為自己的能力不足……」或「都是因為自己知識不足……」的時候，請務必回想起這本書的內容。

順帶一提，我至今出過不少與杜拉克有關的書。如果你讀完這本書後，對杜拉克產生了興趣，那麼歡迎去讀讀看我寫的其他書，這將會是我的榮幸。

藤屋伸二

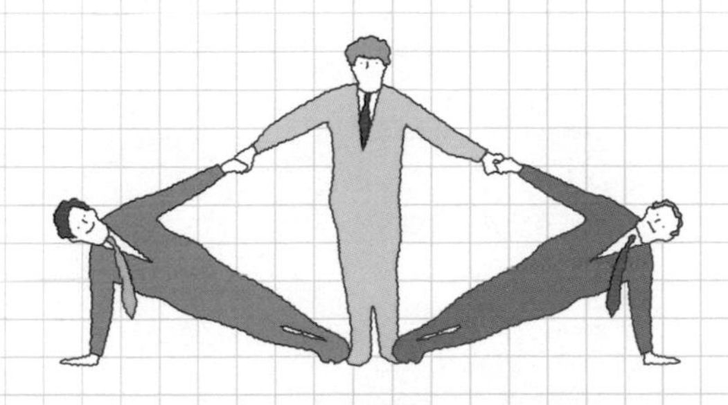

主要參考文獻

《明日を支配するもの》

《イノベーションと企業家精神》

《経営者の条件》

《現代の経営　上・下》

《創造する経営者》

《ネクスト・ソサエティ》

《マネジメント 課題、責任、実践（上・中・下）》
（以上皆為彼得・杜拉克著／上田惇生譯／ DIAMOND 社）

《図解で学ぶ ドラッカー入門》
（藤屋伸二著／ JMA Management Center）

《図解で学ぶ ドラッカー戦略》
（藤屋伸二著／ JMA Management Center）

《まんがと図解でわかるドラッカーリーダーシップ論》
（藤屋伸二監修／寶島社）

《別冊宝島 1710 号 まんがと図解でわかる ドラッカー》
（藤屋伸二監修／寶島社）

図解 やるべきことがよくわかるドラッカー式マネジメント入門》
（竹石健編著／ EASTPRESS）

《1 時間でわかる 図解ドラッカー入門「マネジメント」があなたの働き方を変える！》
（森岡謙仁著／ KADOKAWA）

日文版STAFF

編輯	細谷健次朗、柏もも子（株式会社 G.B.）
協助執筆	川村彩佳、村沢 譲、龍田 昇
內文插圖	本村 誠
封面插圖	ぷーたく
封面設計	別府 拓（Q.design）
內文設計	別府 拓、深澤祐樹（Q.design）
DTP	矢巻恵嗣（ケイズオフィス）

監修 **藤屋伸二**（Shinji Fujiya）

生於1956年。於1996年創立經營顧問公司。1998年進研究所，開始研究人稱「現代管理學之父」的杜拉克。現在，他以「漲價戰略」的視點來重新詮釋杜拉克理論，進行以中小企業為對象的顧問諮詢、寫作活動，以及開設經營管理教室。其著作（或監修作品）有《圖解學習杜拉克入門》（JMA Management Center）、《向杜拉克學習小眾戰略教科書》（Direct Publishing）、《漫畫圖解杜拉克》、《漫畫圖解杜拉克的領導力理論》（寶島社）等30多部作品，累計發行量已超過241萬部。

激發 100% 組織潛力的領導&革新技術！

管理大師的商業策略 超圖解杜拉克

2022年10月1日初版第一刷發行

監 修 者　藤屋伸二
譯　　者　鄒玟羚、高詹燦
編　　輯　曾羽辰
發 行 人　南部裕
發 行 所　台灣東販股份有限公司
＜地址＞台北市南京東路4段130號2F-1
＜電話＞（02）2577-8878
＜傳真＞（02）2577-8896
＜網址＞http://www.tohan.com.tw
郵撥帳號　1405049-4
法律顧問　蕭雄淋律師
總 經 銷　聯合發行股份有限公司
＜電話＞（02）2917-8022

國家圖書館出版品預行編目（CIP）資料

管理大師的商業策略 超圖解杜拉克：激發100%組織潛力的領導&革新技術!/藤屋伸二監修；鄒玟羚, 高詹燦譯. -- 初版. -- 臺北市：臺灣東販股份有限公司, 2022.10
192面；14.8×21公分
ISBN 978-626-329-457-8(平裝)

1.CST: 策略管理　2.CST: 商業管理
3.CST: 組織管理

494.1　　111013835